Richard Schöne

**Am Futterhaus**

**⋮ Haupt**
NATUR

Richard Schöne

# Am Futterhaus

Vögel erleben im Jahreslauf

Haupt Verlag
Bern • Stuttgart • Wien

Zum Autor:

Dr. **Richard Schöne** war von Kindesbeinen an feldornithologisch unterwegs und ist seit über fünfzig Jahren Vogelhalter und -züchter. Während des Veterinärmedizin-studiums beschäftigte er sich mit Fragen der Vogelmedizin. Über siebzig wissen-schaftliche und populärwissenschaftliche Veröffentlichungen auf den Gebieten Feldornithologie, Vogelhaltungshygiene, Vogelzucht und Vogelkrankheiten.

Zum Verfasser des Vorworts:

Der Journalist und Buchautor **Thomas Griesohn-Pflieger** ist passionierter Vogel-beobachter, baute nach jahrelanger Mitarbeit beim FALKEN das Magazin VÖGEL auf. Seit Frühjahr 2012 ist er Chefredakteur der neuen Zeitschrift «Naturgucker – das Magazin zur Vogel- und Naturbeobachtung»

Gestaltung und Satz: pooldesign.ch

1. Auflage: 2012
Bibliografische Information der *Deutschen Nationalbibliothek*:
Die Deutsche Nationalbibliothek verzeichnet diese Publikation in der Deutschen Nationalbibliografie; detaillierte bibliografische Daten sind im Internet über http://dnb.d-nb.de abrufbar.

ISBN 978-3-258-07756-7

Printed in Germany
www.haupt.ch

Vorsatz: Kernbeißer
Umschlag hinten ( v.l.n.r.): Haussperling, Zaunkönig, Feldsperling (l.) und Buntspecht (r.); (unten): Grünfink (r.) und Bergfink (l.)

# Inhalt

# Vorwort

Vogelfutterplätze sind eine Quelle heller Freude und tiefer Entspannung. Wo kann man sonst wild lebende Tiere so gut beobachten? Kein Wunder, dass immer mehr Menschen Vogelfutterplätze einrichten. Sei es im Schrebergarten, im Hausgarten, auf der Terrasse, auf dem Balkon oder nur am Küchenfenster – der Wunsch der Menschen nach Kontakt zu den attraktiven, lebendigen Vögeln lässt immer mehr Futterstellen entstehen.

Durch Untersuchungen in Großbritannien weiß man, dass die Beschäftigung mit Vogelfutterstellen oder vielmehr mit ihren gefiederten Besuchern für Bewohner von Seniorenheimen eine gesundheitsfördernde Bedeutung hat. «Die Seifenoper» vor dem Zimmerfenster, die in täglich neuen Folgen hautnah das Leben der Vögel draußen im Park oder im Garten erzählt, lenkt von so manchem Wehwehchen ab, erzeugt jede Menge Gesprächsstoff, sorgt für Überraschungen, Freude und hält mobil und selbstständig. Man kann wohl davon ausgehen, dass die positiven Auswirkungen bei anderen Bevölkerungsgruppen, würde man sie denn untersuchen, sehr ähnlich aussehen würden.

Das offene Verhalten der Vögel übt auf viele Menschen eine Faszination aus. Wir erleben, wie sich schnell eine Rangfolge einstellt unter den Besuchern der Futterstelle und dass die Regeln des Zusammentreffens immer wieder neu ausgehandelt werden. Spannend ist es zu beobachten, dass die eine Blaumeise den größeren Kohlmeisen sofort aus dem Wege geht, ohne dass diese drohend die Flügel spreizen müssen, und eine andere Blaumeise fast alle anderen Kohlmeisen anfaucht und sich sogar damit durchsetzt. Gimpel gegen Grünling, Hausspatz gegen Feldspatz, Kleiber gegen Kohlmeise – das Verhalten der Vögel in einer artenreichen Gesellschaft, wie sie sich wohl nur an Futterplätzen trifft, ist lehrreich und unterhaltsam zugleich.

Kernbeißer kommen fast immer alleine, Schwanzmeisen dagegen immer im Familientrupp. Sumpfmeisen und Kleiber schleppen Sonnenblumenkerne pfundweise davon und verstecken sie für schlechte Zeiten, Grünlinge stopfen sich viertelstundenlang den Kropf voll, ohne sich weiter zu bewegen. Gimpel drehen und pressen Sonnenblumenkerne so geschickt im Schnabel, dass die Spelzen rechts und links herunterfallen und der weiche Kern geschluckt wird. Kohl- und Blaumeisen holen die Samen einzeln ab und suchen sich einen Ast, auf dem sie diese aufmeißeln können. Wie Mäuse huschen die Heckenbraunellen unter dem Futterhaus umher und suchen die heruntergefallenen Krumen und treffen dort auf Buchfinken, die ebenfalls nicht in der Lage sind, die Sitzplätze an den Futtersilos anzufliegen oder sich an Meisenknödeln anzuklammern.

Wer nicht nur im Winter füttert, kann die Jahreszeiten im Vogelverhalten able-
sen. Im Frühjahr erscheinen Paare. Oft begleiten die Männchen ihre Weibchen,
allerdings nicht als Kavaliere, sondern als Bewacher ihrer «Fortpflanzungsres-
source». So geht es weiter, Nistmaterial wird gesucht und gerne angenommen,
wenn es zusätzlich zum Futter angeboten wird. Später kommen ganze Familien
lärmend an die Futterplätze, wo die Jungen der Reihe nach «abgefüttert» werden.
Höhepunkte sind dann immer Spechte, die in wenigen Minuten einen Meisenknödel zerlegen und an die laut bettelnde Brut verteilen. Im Sommer wird es ruhiger,
doch lassen sich – meist junge – Vögel sehen. Im Laufe des Herbstes sind Wintergäste zu erwarten. Nicht in jedem Jahr kommen Bergfinken in großer Zahl zu uns.
Erlen- und Birkenzeisige zählen auch zu den unregelmäßigen Gästen, die nicht
jedes Jahr zu erwarten sind. Tannen- und Haubenmeisen kommen aus den Wäldern in die Städte und vermehren die Zahl der Futtergäste, wie es in waldnahen
Gärten auch Grau- und Mittelspechte tun.

Wenn das Füttern von wilden Vögeln so viel Spaß macht, die Menschen Natur
vor dem Fenster erleben lässt und sie so viel lehren kann, muss es unverständlich
erscheinen, dass noch immer alte Dogmen verkündet werden, die all das eher
verhindern. Immer wieder wird gefordert, nur zu füttern, wenn eine hohe Schneedecke liegt und tagelanger harter Frost herrscht. Gewarnt wird vor Fütterungen
außerhalb der «Notzeit» der Vögel, die im Winter vermutet wird. Und es wird
behauptet, Fütterungen seien «unnatürlich» und führten zu einer falschen Abhän-
gigkeit der Vögel von den Menschen. Sogar das schreckliche Wort «Verweichli-
chung» fällt in diesem Zusammenhang, oder es wird spekuliert, die «natürliche
Auslese» sei durch die Fütterung gefährdet.

Menschen fütterten schon immer Vögel – unbeabsichtigt fing es vermutlich an,
durch liegen gebliebene Fleisch- und andere Abfälle. Später, als sie Ackerbau und
Viehzucht entwickelten, profitierten die Vögel erheblich vom nun massenhaft vor-
handenen Futter bei Ernte und Aussaat und von den Futterresten der Viehhaltung.
Ist es Zufall, dass wir in vielen ländlichen Gebieten Hausspatzen vor allem noch
dort antreffen, wo Pferde gehalten werden? Soll man alle Bauernhöfe schließen,
weil dort «unnatürlich» Vögel gefüttert werden?

Richard Schöne zeigt uns mit diesem Buch, was wir alles an den Futterstellen
entdecken können. Er macht uns neugierig, eigene Beobachtungen anzustellen,
und hilft uns, unsere Erfahrungen richtig einzuordnen und zu interpretieren. Er
erweitert dadurch unseren Horizont und öffnet sprichwörtlich ein Fenster zur
belebten Umwelt mit ihren Wundern und Rätseln.

*Thomas Griesohn-Pflieger*

# 1

## Vogelfutterplätze anlegen, einrichten und pflegen

Vorhergehende Doppelseite:
Eine Grünfinkenschar auf dem
Futterbrett.

Junge Blaumeisen mit anfliegendem
Haussperlingsmännchen am Meisenknödel.

# Vogelhäuser, Futtersilos und Co.

Jeder Platz eignet sich zur Fütterung von Vögeln. Weil sie fliegen können, erreichen Vögel alle Bereiche menschlicher Ansiedlungen. Da aber jede Vogelart andere Ansprüche an ihren Lebensraum hat, wird nicht jeder Futterplatz von gleich viel verschiedenen Vogelarten angeflogen. Bestimmend sind die Jahreszeit, die Art der Futterdarbietung, das Futter selbst, die Platzierung der Futterstelle, das den Futterplatz umgebende Biotop, störende Einflüsse sowie die Wohnumgebung des Fütternden.

Bereits bei einem Doppelhaus kann der Futterplatz auf der einen Grundstückshälfte eine andere Akzeptanz durch Vögel erfahren als derjenige auf der anderen Hälfte, in der eine Katze oder ein Hund gehalten wird.

Auch geografische Bedingungen beeinflussen die Artenvielfalt an den Futterplätzen. Star, Kohlmeise und Grünfink sind im Hochgebirge kaum oder sehr selten anzutreffen. Der Lebensraum des Grünfinken endet bei etwa 1200 Höhenmetern, derjenige von Star und Kohlmeise bei 1400 Metern über Meer. Dafür sind an der Übergangszone bis zur Waldgrenze und darüber hinaus Alpenbirkenzeisig, Alpenbraunelle, Alpendohle, Ringdrossel oder Schneesperling besonders an den Futterstellen der Berggasthäuser zu beobachten. Alpendohlen können infolge der Fütterung durch Skitouristen sogar bis in Höhen von 3500 Metern überwintern.

Der Vogelfreund, der mitten in der Großstadt auf dem Fensterbrett oder Balkon ein kleines Futterhaus einrichtet, wird eher eine bescheidene Artenvielfalt beobachten können. Aber schon in einer durch kleine Grünflächen aufgelockerten Wohngegend erweitert sich das Artenspektrum, und in einer Eigenheimsiedlung mit angrenzendem Wald, mit Wiesen oder sogar Wasserflächen kann man im Winterhalbjahr mit ungefähr dreißig verschiedenen Vogelarten rechnen. Über das ganze Jahr verteilt, locken günstig gelegene Futterplätze mehr als sechzig verschiedene Vogelarten an. Je strukturierter die Lebensbedingungen in einem Areal sind, desto größer ist die Artenzahl der dazugehörigen Lebensgemeinschaft. Die Vielfältigkeit der Naturerlebnisse um einen Vogelfutterplatz ist direkt abhängig von

der landschaftlichen Umgebung. Dabei ist aber zu bedenken, dass gerade in Wohngebieten mit wenig natürlichem Lebensraum die Not der Vögel oft am größten ist.

Jeder Mensch, der das Bedürfnis hat, Vögel zu füttern, wird seine persönlichen Möglichkeiten nutzen, um die in seinem Wohnbereich lebenden Vögel mit Futter zu versorgen.

Er wird ein Futterhaus oder einen Futterautomaten aufstellen, oder er bietet das Futter auf einem Futterbrett an. Fettknödel und Fettfutterspender ergänzen den Gabentisch, wenn möglich wird eine Bodenfutterstelle eingerichtet.

Futterhäuser auf Balkonen bieten auch im städtischen Umfeld gute Möglichkeiten für Betreuung und Beobachtung von Vögeln.

## Futterhäuser

Futterhäuser gibt es in zahlreichen Größen und Formen. Sie schützen das Futter durch einen weiten Dachüberstand und einen nicht zu flachen Bodenrand vor Regen, Schnee und Wind. Kleine Futterhäuser können an einer windgeschützten Stelle des Fensterbrettes oder Balkons angebracht werden. Sehr leichte Futterhäuser aus Plexiglas werden mit Saugnäpfen direkt an die Fensterscheibe angeheftet. Im Garten werden größere Futterhäuser auf hohe, katzensichere Ständer gestellt oder auf Pfähle montiert. Durch Glocken aus weitmaschigem Draht oder

Ein offenes Futterhaus mit geringem Dachüberstand schützt nicht vor Witterungseinflüssen.

Verschiedene kleine Futterhäuser. Oben rechts:
Ein Grünfink besucht ein Fensterscheibenfutterhaus
aus Plexiglas, das mit Saugnäpfen direkt am Fenster
festgemacht ist. Unten: Feldsperlinge.

Gitterstäben können große Vögel, wie Stadttauben, Elstern oder Krähen, vom Futterhaus ferngehalten werden.

Nachteile des Futterhauses sind die Enge, die durch die Höhe zwischen Boden und Dach festgelegt ist, und die Tatsache, dass es täglich mit Futter beschickt werden muss. Einige Vogelarten wie Goldammer, Buchfink und Rotkehlchen suchen solche Stellen nicht oder nur ungern auf. Ein weiterer Mangel besteht darin, dass die Vögel beim Fressen im Futter stehen und somit das Futter verkoten. Futterhäuser bedürfen deshalb einer häufigen Reinigung, was bei Modellen mit einem geringen Abstand zwischen Boden und Dach, hohem Bodenrand und großem Dachüberstand nur schwer möglich ist.

Ein Weidenkörbchen als Futterbehälter – hier mit einem Kernbeißer – lässt Regenwasser schnell abtropfen.

## Futterautomaten

Futterautomaten, auch Futtersilos oder Futtersäulen genannt, werden immer häufiger zur Fütterung genutzt. Es gibt sie in den verschiedensten Größen und Formen aus Holz, Metall oder Kunststoff. Manchmal sind sie auch integrierter Bestandteil des Futterhauses mit einfachen oder geteilten Futterschächten, in denen unterschiedliche Futtermischungen oder Einzelsaaten angeboten werden können.

Die Säulenform aus durchsichtigem Kunststoff mit mehreren Futterentnahmestellen hat den Vorteil, dass der Füllungsstand sehr leicht festgestellt werden kann.

Die Funktionsweise ist bei allen Futterautomaten gleich. Ein nach unten geöffneter Futterschacht gibt ständig die gleiche Futtermenge frei, die die Vögel entnommen haben. Wie Futterhäuser auch können sie je nach Größe mit Gummisaugern an einer Fensterscheibe befestigt, aufgehängt oder auf Pfähle aufgeschraubt werden. Futterautomaten vereinen viele Vorteile, wie ständige Bereitstellung von Futter, mehrere Futterentnahmestellen an verschiedenen Seiten mit Sitzstangen oder Sitzringen. Das Futter ist weitgehend vor Wetterunbilden geschützt. Auffangschalen beugen einer Futtervergeudung vor. Das Futter wird nicht verschmutzt, und oft entfällt das tägliche Nachfüllen und Reinigen. Futterautomaten bieten Schutz vor Großvögeln, wie Krähen, Elstern und Stadttauben. Zudem ist ein Futterautomat preiswert.

Nachteilig wirkt sich bei Futterautomaten aus, dass sie nur für Körnerfutter mit einer bestimmten Korngröße geeignet sind. Weich- und Fettfuttermischungen können verklumpen und dazu führen, dass sich die Austrittsstelle des Futterschachtes verstopft. Nicht alle Futterplatzbesucher wie Amsel, nordische Drosseln, Buchfink und Goldammer akzeptieren Futterautomaten.

Futtersäulen, die als äußere Begrenzung ein Drahtgeflecht haben, werden zur Fütterung von Erdnusskernen, Erdnussbruch, schwarzen Sonnenblumenkernen oder Fetthaferflocken verwendet. Das Drahtgeflecht ermöglicht die Futterentnahme um die ganze Futtersäule herum.

Ein Kleiber an der Futtersäule.

### Futtertische

Futterbretter oder Futtertische können auf den Boden gestellt, auf Pfähle montiert oder als Ampel aufgehängt werden. Für die Nutzung auf dem Boden empfiehlt es sich, zwei kleine Auflagehölzer anzubringen und für einen Wasserabfluss zu sorgen. Je nach Größe ist eine Unterteilung der Fläche für Einzelsaaten möglich, sodass der Überblick über die Akzeptanz der einzelnen Futterarten jederzeit gegeben ist. Der Vorteil der Futtertische besteht darin, dass sie für alle Vögel zugänglich sind, auch für diejenigen Arten, welche die Enge eines Futterhauses meiden und ihr Futter hauptsächlich auf dem Boden suchen, wie Goldammer, Buchfink, Bergfink, Stieglitz, Erlenzeisig, Girlitz, Heckenbraunelle, Amsel oder Rotkehlchen. Durch ein grobmaschiges Drahtgitter über dem Futtertisch können Elstern, Krähen und Tauben sowie Eichhörnchen vom Futter abgehalten werden.

Nachteilig sind offene Futterstellen bei Regen, Schnee und Wind, da das Futter ungeschützt lagert oder weggetragen werden kann. Außerdem stehen die Vögel ähnlich wie im Futterhaus im Futter und können es verschmutzen. Deshalb sollten Futterbretter regelmäßig gesäubert werden.

Analog zu Futterbrettern können auch flache Schalen zur Fütterung verwendet werden.

Oben links: Heckenbraunellen bevorzugen Bodenfütterung.

Oben rechts: Vögel müssen auch bei Dauerregen – wie hier das Gimpelmännchen – auf Futtersuche gehen.

### Futtersäckchen

Fettfuttererzeugnisse können den Vögeln auf verschiedene Weise angeboten werden. Am bekanntesten sind in kleine weitmaschige Säckchen verpackte Meisenknödel. Meisenringe, Meisenstangen, Meisenbecher oder mit Fettfutter gefüllte halbe Kokosnussschalen werden an Zweigen aufgehängt. Für Fettkuchen gibt es ebenfalls die verschiedensten Aufhängevorrichtungen, oder sie werden ins Futterhaus gelegt. Jede Anbieterfirma hat besondere Vorrichtungen für ihre Fettfuttererzeugnisse entwickelt. Ähnlich einem Futterschacht gibt es Fettfutterspender. Aus Metallgittern bestehende Spender fassen gleich mehrere Knödel und haben den Vorteil, dass sie nicht von Rabenvögeln entfernt und weggeschleppt werden können.

Für Goldhähnchen, Baumläufer, Mittelspecht und Grauspecht hat es sich bewährt, Fettfutter in Baumlöcher oder Baumritzen zu stopfen oder Äste in geschmolzenes Fett zu tauchen.

Eine Schwanzmeise
am Meisenknödel.

Links: Ein Grauspechtmännchen am mit Margarine gefüllten Baumloch.

Oben rechts: Der Gartenbaumläufer sucht Borkenritzen nach Insekten ab.

Unten rechts: Ein Erlenzeisigpärchen (links das Weibchen) am Erdnusssäckchen.

Rechte Seite: Bodenfütterung: Hier sind zumeist junge Haussperlinge sowie ein Feldsperling und ein Grünfink zu Besuch.

## Bodenfütterung

Bei der Bodenfütterung wird das Futter einfach auf den Boden gestreut. Ein Teil der vorgesehenen Fläche kann auch durch eine größere Platte, die schräg zur Wetterseite gerichtet ist, vor Regen und Schnee geschützt werden.

In größeren Arealen sollten alle Möglichkeiten der Futterdarbietung gleichzeitig genutzt werden, um vielen Vogelarten den Zugang zum Futter zu ermöglichen.

Während für den Futterplatz auf der Fensterbank oder dem Balkon nur der Schutz zur Wetterseite hin berücksichtig werden kann, muss der Vogelfreund mit Garten zusätzlich die Gefahren bedenken, die durch Greifvögel und Katzen jederzeit gegeben sind. Ein sehr nah am Haus gelegener Futterplatz wird von weniger Arten aufgesucht als ein Häuschen, das auf der Grundstücksmitte oder in der Nähe von Sträuchern steht, wo Vögel bei Gefahr schnell Schutz finden können. Vögel benötigen dichte Sträucher, Gestrüpp, Hecken oder Efeuwände auch als Rückzugsmöglichkeiten für ihre Ruhephasen tagsüber oder nachts. Allerdings bieten Sträucher unmittelbar an der Futterstelle auch Katzen ein gutes Versteck für Überraschungsangriffe. Dieses Problem betrifft auch Trink- und Badeplätze.

Um Katzen von Futterhäusern fernzuhalten, müssen diese auf hohen, glatten Pfählen positioniert werden. Futterautomaten sind an Stellen aufzuhängen, die von Katzen nicht erreicht werden können. Bei Bäumen sind Katzengürtel oder Baumkragen sehr hilfreich. Glatte Pfähle schützen zudem vor Nagern.

Ein Amselmännchen mit
Vogelbeeren.

Rechte Seite links: Stieglitz an
Cosmeafruchtständen.

Rechts: Hagebutten der Kartoffel-
oder Runzelrose sind bei Grünfinken
sehr beliebt.

# Natürliche Futterstellen

Wer einen Garten besitzt, kann je nach verfügbarer Fläche eine Vielzahl natürlicher Futterstellen einrichten. Durch gezieltes Anpflanzen von Wildsträuchern und das Belassen von Fruchtständen an Kräutern, Blumen sowie Gräsern bis zur nächsten Vegetationsfolge kann den Vögeln eine reichliche Nahrungspalette im Natur- oder Wildgarten geboten werden. Kompost- und Reisighaufen beherbergen zahlreiche überwinternde Spinnen, Insekten und andere Kleintiere, die Nahrung besonders für Zaunkönige, Rotkehlchen und Heckenbraunellen sind. Außerdem bieten sie Schutz, zum Beispiel für Igel und Lurche, und sichern damit auch das Fortbestehen des vielfältigen Lebens für das kommende Jahr.

Mit dem Liegenlassen von Laub auf den Beeten und Rasenflächen entsteht eine natürliche Futterstelle. Unter dem Laub halten sich Regenwürmer und andere Futtertiere auf, die besonders von Amseln durch emsiges Wenden der Blätter freigelegt und dann verspeist werden.

Das Belassen von abgestorbenen Ästen oder Baumstämmen im Garten oder die Errichtung eines Altholzstapels zieht eine Vielzahl von Käfern an, die wiederum mit ihren Entwicklungsstadien Nahrung für Spechte und Kleiber sind.

Durch Wildsträucher kann der Naturfreund sich das ganze Jahr über ein höchst interessantes Refugium schaffen. Im Frühjahr treiben die Knospen, brechen die Blüten auf, sprießen die Blätter. Die verschiedenfarbige Blütenpracht lockt Insekten an, das Astwerk bietet Nistmöglichkeiten, bald erfreuen uns die Schmetterlinge, und die Raupen fressen sich an den Blättern satt. Dann kommt die Zeit der farbenprächtigen Fruchtstände in zumeist rötlichen und bläulichen Farbtönen, fast gleichzeitig verfärbt sich das Laub, und die Farbenpracht nimmt weiter zu.

Die Bedeutung der fruchttragenden Wildsträucher macht die folgende Übersicht deutlich:

| Art | Anzahl der nutzenden Arten | |
|---|---|---|
| | Vögel | Säugetiere |
| Weißdorn *(Crataegus laevigata)* | 32 | 17 |
| Schwarzer Holunder *(Sambucus nigra)* | 62 | 8 |
| Wildbirne *(Pyrus pyraster)* | 24 | 29 |
| Gewöhnlicher Schneeball *(Viburnum opulus)* | 22 | 1 |
| Schlehe oder Schwarzdorn *(Prunus spinosa)* | 20 | 18 |
| Gewöhnlicher Liguster *(Ligustrum vulgare)* | 21 | 10 |
| Haselnuss *(Corylus avellana)* | 10 | 33 |
| Pfaffenhütchen *(Euonymus europaeus)* | 24 | 14 |

Die Fruchtarten werden wiederum zu unterschiedlichen Zeiten von den Vögeln akzeptiert. So werden die Beeren des Schwarzen Holunders oder des Pfaffenhütchens bereits im Herbst genommen, während die Schlehenfrüchte erst nach dem Frost und die Beeren des Gewöhnlichen Schneeballs meist zu Ende des Winters angerührt werden.

Das Pfaffenhütchen ist ein Paradebeispiel dafür, dass Giftpflanzen immer nur für bestimmte Tierarten oder den Menschen giftig sein können, für andere aber eine Delikatesse bedeuten. So ist das Pfaffenhütchen 2006 als Giftpflanze (für den Menschen) des Jahres gewählt worden, obwohl es für 24 Vogel- und 14 Säugetierarten eine wertvolle Nahrungsquelle darstellt und für 21 Insektenarten eine Lebensgrundlage ist. Auch die als stark giftig eingestufte Eibe ist für viele Vogelarten ein fester Nahrungsbestandteil, wie für Amsel, Bergfink, Buchfink, Eichelhäher, Grünfink, Grünspecht, Kernbeißer, Kleiber, Kohlmeise, Misteldrossel,

Mönchsgrasmücke, Ringeltaube, Rotdrossel, Rotkehlchen, Seidenschwanz, Singdrossel, Star, Tannenmeise, Wacholderdrossel sowie die eingewanderten neuen
Arten (Neozoen) Halsbandsittich, Großer Alexandersittich und Gelbscheitelama-
zone. Gleiches gilt auch für den Seidelbast, dessen Beeren unter anderen vom
Rotkehlchen und der Mönchsgrasmücke gerne aufgenommen werden.

Im Sommer ändern viele Vögel ihre Fressgewohnheiten. Zunehmend verzehren
jetzt Amsel, Gartengrasmücke, Trauerschnäpper, Gartenrotschwanz, Rotkehlchen,
Mönchsgrasmücke Beeren und Früchte. Wie andere Zugvögel fressen sie sich
durch die zuckerhaltigen Beeren ein Fettdepot an, das bis zu fünfzig Prozent ihres
Körpergewichtes ausmachen kann.

Von 186 europäischen fruchttragenden Strauch- und Baumarten werden
135 durch Vögel verbreitet, hauptsächlich indem diese die unverdauten Kerne der
Früchte ausscheiden. Die Mistel ist sogar für ihre Entwicklung auf eine Darmpassage

Mönchsgrasmückenmännchen
im Holunderstrauch.

durch Drosseln, insbesondere der Misteldrossel, angewiesen. Andere Vogelarten tragen zur Verbreitung bei, indem sie Samen als Nahrungsvorrat verstecken und dann einige davon vergessen. Eichelhäher verstecken Eicheln und Bucheckern, Tannenhäher besonders Arvensamen, auch Arvennüsse genannt.

Weitere natürliche Futterquellen können wir beispielsweise durch Anpflanzen von Sonnenblumen und Nachtkerzen oder durch das Hängenlassen von Äpfeln an den höchstgelegenen, äußersten Zweigen einrichten. Besonders die nordischen Drosseln wie Wacholder- und Rotdrosseln werden von nicht ganz abgeernteten Obstbäumen angezogen. Andere Baumfrüchte wie Eicheln werden von Eichelhäher oder Ringeltaube auch zum Winterausgang gern genommen. In Invasionsjahren kann man an Äpfeln und Beeren sogar den seltenen Seidenschwanz beobachten.

Die folgende Übersicht enthält fruchttragende Wildsträucher, deren Früchte von Vögeln bevorzugt werden. In Baumschulen und Gärtnereien sollte man nach regionalen (autochthonen) Pflanzen fragen.

Oben: Girlitzweibchen verzehrt Samen der Goldrute.

Rechte Seite: Stieglitze an den Fruchtständen der Großen Klette.

| Pflanzenart | Wuchs und Pflege | Blütezeit und Früchte |
|---|---|---|
| **Eibe** <br> *(Taxus baccata)* | Bis 20 m hoher Nadelbaum, der über 2000 Jahre alt werden kann; bevorzugt schattige, windgeschützte Lagen. | Bis auf den roten Samenmantel, der den Samen umgibt, sind alle Pflanzenteile giftig. Einige Vögel fressen den Samenmantel mit dem giftigen Samen, den sie unbeschädigt wieder ausscheiden, andere verwerten auch den Samen. |
| **Gemeiner Wacholder** <br> *(Juniperus communis)* | Bis über 3 m hoher, aufrechter Strauch mit abstehenden, stechenden Nadeln. | Kugelige, blau bereifte Beeren. |
| **Gemeine Berberitze** <br> *(Berberis vulgaris)* | Bis 3 m hoher Strauch mit langen Dornen, bevorzugt sonnige Standorte; gut für Hecken geeignet. | Hellgelbe Blüten von Mai bis Juni; rote, längliche Beeren. |
| **Haselnuss** <br> *(Corylus avellana)* | Bis 5 m hoher Strauch, der an sonnigen und halbschattigen Standorten wächst. | Vor dem Blattaustrieb, ab Februar, erscheinen die männlichen, herabhängenden Blütenstände. Die Frucht ist eine hartschalige Nuss, die von vielen Vögeln geschätzt wird. |
| **Wilde Johannisbeere** <br> *(Ribes rubrum)* | Bis 2 m hoher Strauch ohne Stacheln. | Bringt leuchtend rote oder gelblich weiße Beeren hervor. |
| **Hundsrose** <br> *(Rosa canina)* | Ein aufrechter, lockerer, bis 3 m hoher Strauch, der sonnige Lagen bevorzugt. | Blüht im Juni, wobei die einzelne Blüte nur wenige Tage geöffnet bleibt. Die Früchte (Hagebutten) reifen relativ spät – erst im Oktober und November. |
| **Wildbirne** <br> *(Pyrus pyraster)* | Wird bis 20 m hoch, hat dornige Zweige und ist wärmeliebend. | Blüht weiß zwischen April und Mai; die kleinen Früchte haben Steinzellen im Fruchtfleisch. |

| Pflanzenart | Wuchs und Pflege | Blütezeit und Früchte |
|---|---|---|
| Wildapfel oder Holzapfel (*Malus silvestris*) | Wird bis 10 m hoch und hat meist dornige Zweige; bevorzugt sonnige Standorte, wächst aber auch im Halbschatten. | Die weißen bis hellrosa Blüten sind außen rot überlaufen; kleine, nur 2–3 cm lange Äpfel, die sauer sind. |
| Vogelbeere (*Sorbus aucuparia*) | Bis 15 m hoher Baum oder Strauch, der sich bis zu einem Durchmesser von 8 m ausbreitet; bevorzugt sonnige oder leicht schattige Standorte mit feuchtem Boden. | Weiße, doldige Blütenstände zwischen Mai und Juni; die leuchtend roten Beeren werden von vielen Vögeln gefressen. |
| Weißdorn (*Crataegus laevigata*) | Bis 4 m hoher Strauch mit Dornen; bevorzugt sonnige Lagen. | Weiße, selten rosa Blüten im Mai; rote, kugelige bis eiförmige Früchte. |
| Felsenbirne oder Felsenmispel (*Amelanchier ovalis*) | Bis 3 m hoher Strauch ohne Dornen für sonnige und trockene Standorte. | Weiße Blüten zwischen April und Mai; schwarze, heidelbeerähnliche Beeren ab August, die auch zu Marmelade verarbeitet werden können. |
| Teppich-Steinmispel (*Cotoneaster dammeri*) | Der immergrüne, höchstens 20 cm hohe Strauch eignet sich besonders für die bodendeckende Begrünung – auch von Böschungen. Bevorzugt sonnige und halbschattige Standorte. | Kleine, weiße Blüten von Mai bis Juni; die Früchte sind leuchtend rot. |
| Schlehe oder Schwarzdorn (*Prunus spinosa*) | Bis über 3 m hoher Strauch mit dunkler Rinde und Dornen; bevorzugt sonnige Standorte. | Die weißen, kleinen Blüten erscheinen zahlreich vor den Blättern; die Früchte sind kugelig und blau mit grünem Fruchtfleisch, sie sind auch für Menschen essbar. |
| Gemeine Traubenkirsche (*Prunus padus*) | Bis 10 m hoher Strauch oder Baum, der die weißen Blüten gleichzeitig mit den Blättern entwickelt; bevorzugt feuchte Böden und sonnige Standorte. | Kugelige, schwarz glänzende Früchte. |

| Pflanzenart | Wuchs und Pflege | Blütezeit und Früchte |
|---|---|---|
| Sanddorn *(Hippophae rhamnoides)* | Dorniger Strauch, der bis 4 m hoch wachsen kann; bevorzugt kalkhaltige Sand- und Kiesböden, wächst auch in Gärten an sonnigen Lagen. | Zweihäusig, die Blüten erscheinen vor den Blättern; kugelige, orangerote, beerenartige Steinfrucht. |
| Seidelbast *(Daphne mezereum)* | Kleiner, wenig verzweigter Strauch (bis 120 cm hoch), dessen Blüten direkt am Stamm sitzen. | Blüht früh zwischen Januar und März vor dem Blattaustrieb. Die Blüten duften stark und sind rosa bis purpurrot gefärbt. Die kugelige, kahle Frucht ist zuletzt leuchtend rot — und für Menschen sehr giftig! |
| Roter Hartriegel *(Cornus sanguinea)* | Der bis 4 m hohe Strauch ist auch im Herbst und Winter aufgrund seiner roten Zweige attraktiv. Bevorzugt sonnige Standorte und fruchtbare Kalkböden. | Weiße Blüten im Mai; blauschwarze, kugelige Früchte. |
| Pfaffenhütchen *(Euonymus europaeus)* | Bis 6 m hoher Strauch, der sonnige und halbschattige Standorte auf kalkhaltigem Boden bevorzugt. | Etwas unscheinbare, hellgrüne Blüten ab Juni, aber attraktive, rosa bis purpurn leuchtende Samenkapseln, die aufspringen und den leuchtend orangen Samenmantel zeigen. |
| Kreuzdorn *(Rhamnus cathartica)* | Der bis 3 m hohe Strauch eignet sich gut für Hecken. | Im Mai gelbgrüne, unscheinbare Blüten; schwarze, kugelige Beeren. |
| Faulbaum *(Frangula alnus)* | Dornenloser Strauch, der bis 3 m hoch wird und feuchte Böden bevorzugt. | Gelbgrüne, kleine Blüten; zuerst rote, später schwarze Beeren. |

| Pflanzenart | Wuchs und Pflege | Blütezeit und Früchte |
|---|---|---|
| Gewöhnlicher Efeu *(Hedera helix)* | Der bis 20 m hoch kletternde, immergrüne Strauch bietet den Vögeln geschützte Nist- und Ruheplätze; wächst auch im Schatten, braucht jedoch für das Blühen Besonnung. | Unscheinbare, gelblich grüne Blüten von September bis Oktober; die schwarzen Beeren reifen von Januar bis April und sind wertvolles Winterfutter für Vögel. |
| Gewöhnlicher Liguster *(Ligustrum vulgare)* | Bis 4 m hoher, schnell wachsender Strauch, der sonnige Standorte bevorzugt; gut geeignet für Hecken. | Die weißen Blüten stehen in dichten Rispen und duften stark. Die Früchte sind schwarz und kugelig bis eiförmig. |
| Schwarzer Holunder *(Sambucus nigra)* | Bis 7 m hoher Strauch, der oft an Waldrändern zu finden ist; bevorzugt sonnige Standorte mit fruchtbarem Boden. | Weiße Blüten in doldigen Rispen; im Herbst kugelige, schwarze Beeren, die vor allem bei Drosseln beliebt sind. |
| Roter Holunder *(Sambucus racemosa)* | Bleibt kleiner als der Schwarze Holunder und wird nicht über 4 m hoch. | Grünlich gelbe Blüten zwischen April und Mai; im Herbst mit leuchtend roten Beeren. |
| Wolliger Schneeball *(Viburnum lantana)* | Bis 5 m hoher Strauch, der sich gut für Hecken eignet. | Weiße Blüten in doldigen Rispen von bis 10 cm Durchmesser; Früchte eiförmig, erst rot, dann schwarz. |
| Gewöhnlicher Schneeball *(Viburnum opulus)* | Der bis 4 m hohe Strauch steht gerne in der Sonne, aber er mag auch Halbschatten und ist für Hecken gut geeignet. | Die Blüten blühen in doldigen Rispen von etwa 10 cm Durchmesser von Mai bis Juni. Die Früchte sind kugelige, leuchtend rote Beeren. |

Die Ringeltaube wird die keimende
Eichel als Ganzes schlucken.

# Der Vogelfutterplatz im Jahreslauf

Es gibt nach wie vor Befürworter und Gegner der Vogelfütterung, und unter den Befürwortern gibt es unterschiedliche Meinungen. Ein Teil füttert zu Beginn der sogenannten schlechten Jahreszeit ab November bis Frühlingsbeginn im März oder erst mit Frostbeginn und Schneefall. Andere füttern ganzjährig.

Die Gegner der Vogelfütterung vertreten die Meinung, Vögel habe es bereits vor dem Menschen auf der Erde gegeben und sie hätten allen Unbilden der Zeit widerstanden. Sie berücksichtigen dabei nicht, dass die Landschaft durch den Menschen derart verändert wurde, dass manche Vogelarten keine oder keine ausreichenden Lebensbedingungen mehr in unserer Kulturlandschaft vorfinden.

Durch die Entwicklung der Landschaft von großen, zusammenhängenden Wäldern zu einer steppenähnlichen Kulturlandschaft hat der Mensch Vogelarten angesiedelt, die ursprünglich in Mitteleuropa nicht vorkamen. Wenn wir diese Arten — wie Ammern, Lerchen, Trappen, aber auch Schwarz- und Braunkehlchen — in unseren Fluren erhalten wollen, müssen wir ihnen durch Biotopverbesserungen und Zufütterungen helfen. Außerdem wird häufig vergessen, dass Menschen seit langer Zeit Vögel füttern, wenn auch sicherlich oft ohne Absicht. Man kann dies noch heute auf traditionell arbeitenden Bauernhöfen beobachten, wo große Sperlingsschwärme, Goldammern, gebietsweise sogar Haubenlerchen und viele andere Arten von der Tierhaltung und dem Anbau von Nutzpflanzen profitieren.

Oben links: Das Rotkehlchen legt schon im Winter durch Gesang sein Revier fest.

Unten links: Das Schwarzkehlchen kann bereits Ende Februar im Brutgebiet beobachtet werden.

Oben rechts: Eine Haubenlerche bei der Gefiederpflege.

Unten rechts: Die Grauschnäpper kehren erst Ende April bis Anfang Juni aus dem südlichen Afrika zurück.

## Hochbetrieb zum Jahreswechsel

Um den Jahreswechsel herum finden sich die meisten Stand- und Strichvögel, die nordischen Gäste und in sogenannten Invasionsjahren auch die Invasionsvögel an den Futterplätzen ein. Meisen und Schwanzmeisen, Kleiber, Haus- und Feldsperlinge, Finken, Goldammern, Amseln, Wacholderdrosseln, Rotkehlchen, Heckenbraunellen, Türken- und Ringeltauben, Saat- und Rabenkrähen, Dohlen, Elstern, Eichelhäher sowie Sperber können zu dieser Zeit an Futterplätzen in gut strukturierten Landschaftsgebieten erwartet werden. Bereits zu dieser Jahreszeit beginnen Kohlmeise und Rotkehlchen, aber auch Amsel mit der Revierbildung und Revierverteidigung. Bei Meisen kann man beispielsweise beobachten, wie das Männchen das Weibchen füttert.

Im Februar und März kündigen Amsel, Grünfink oder Kohlmeise mit ihrem intensiveren Gesang den Frühling an; später kommen Star, aber auch Bachstelze, Hausrotschwanz, Mönchsgrasmücke und Girlitz dazu. Die ersten Schwalben treffen Ende März ein, Gartengrasmücke, Gartenrotschwanz, Grauschnäpper und Mauersegler erst Ende April/Anfang Mai. Damit sind die meisten Zugvögel zurück aus dem Süden.

Ein männlicher Buntspecht am Fettblock.

### Revierverhalten

Unmittelbar nach der Rückkehr der Zugvögel aus dem Süden können Paarbildung, Paarung, Nestbau und Revierverteidigung in unmittelbarer Nähe des Futterplatzes beobachtet werden.

Vögel in der Stadt singen wegen des Stadtlärms deutlich höher und lauter als ihre Artgenossen in Wald und Feld.

Da Vögel, die ein Revier beanspruchen, sehr zeitig mit dem Brutgeschäft beginnen, können bereits im April die ersten Jungvögel mit ihren Eltern an der Futterstelle erscheinen. Es beginnt die hektische Zeit der Futterbeschaffung. Bei schlechtem Wetter müssen die Küken im Nest gehudert werden – das heißt, sie werden unter die Flügel genommen, um sie zu wärmen und zu schützen – und bekommen dadurch in dieser Zeit weniger Futter und können sogar verhungern. Ein kurzer Weg zur Futterstelle kann hier manches Leid ersparen. Im Mai und Juni haben Jungvögel am Futterplatz zahlenmäßig die Oberhand gewonnen, werden aber noch einige Tage von ihren Eltern versorgt.

Das Weibchen beginnt bei Mehrfachbrütern, wie Sperlingen, Grünfinken und Amseln, mit einer weiteren Brut.

Ein Familienbild: Blaumeise mit zwei Jungen am Meisenknödel.

## Im Sommer

Mit Sommerbeginn lässt der Gesang an Intensität nach und verstummt im Hochsommer. Das hat seine Ursache im Beginn der Mauser, des Wechsels des Federkleides (siehe Seite 99). Bachstelze, Amsel oder Rotkehlchen führen eine Vollmauser durch. Jungvögel wechseln im Spätsommer meist nur Teile ihres Gefieders, wie das Rotkehlchen, das dann seine roten Brustfedern bekommt.

Im August beginnen die Mauersegler, die seit Mai stets in der Luft über dem Futterplatz zu sehen und zu hören waren, als erste den Zug in den Süden. Weitere Arten folgen nach und nach. Immer mehr Meisen und Finkenvögel suchen die Nähe des Menschen und die Futterstellen auf.

Die Spätzieher wie Hausrotschwanz und Grasmücken sowie Meisen, Finken und Drosseln stellen ihre Nahrung auf Beeren und Früchte um. Das hat zur Folge, dass die sonst insektenfressenden Vögel ihren Verdauungsapparat der anderen Kost anpassen müssen. So verdoppeln sich zum Beispiel bei Blaumeisen und Finken die Verdauungsorgane in Größe und Gewicht.

Oben links: Ein junges Rotkehlchen bekommt die ersten roten Brustfedern.

Oben rechts: Nur junge Buntspechte haben einen roten Scheitel und können in dieser Zeit mit dem Mittelspecht verwechselt werden.

Oben: Die Gartengrasmücke
bevorzugt unterholzreiche Wälder
und Gestrüpp und ist in geordneten
Gärten weniger anzutreffen.

Unten: Eine Blaumeise verzehrt das
Fruchtfleisch der Sanddornfrüchte.

## Zuzug im Herbst

Im Herbst kommen neben Standvögeln (so werden Vögel genannt, die das ganze Jahr über in der Nähe ihres Nistplatzes bleiben) auch Strichvögel in großen Trupps in die Gärten und an natürliche Futterplätze. Als Strichvögel bezeichnet man Vögel, die nach der Brut ihr Brutgebiet verlassen, aber nicht wie Zugvögel nach Süden ziehen. Sie fallen in Schwärmen in Früchte tragende Bäume und Sträucher ein, auch abgeerntete Felder können ein wahres Paradies für riesige Vogelschwärme sein. Grünfinken, auch in Gesellschaft mit Berg- und Buchfinken, oder Erlenzeisige bilden am eingerichteten Futterplatz größere Trupps, während Schwanzmeisen meist in Gruppen von fünf bis zehn Individuen die Fettknödel anfliegen.

Eine Schwanzmeise mit schwarzem Kopfseitenstreifen am Fettblock. Es gibt auch weißköpfige Exemplare (s. S. 19).

Manchmal können schon im Oktober die ersten Wintergäste aus dem Norden, wie Bergfinken und Wacholderdrosseln, aber auch Saatkrähen und später Birkenzeisige, angetroffen werden. Die Waldvögel kommen nach und nach wieder in die Siedlungen. Der Kreis schließt sich.

Übrigens verbringen Schwanzmeisen die kalten Nächte häufig in mehreren Individuen eng aneinandergeschmiegt, dadurch kann der Wärmeverlust um bis zu achtzig Prozent verringert werden. Ein ähnliches Verhalten zeigen auch Gartenbaumläufer, Wintergoldhähnchen und Zaunkönig.

Oben: Im März zeigt sich das Birkenzeisigmännchen im Brutkleid mit rötlicher Brust.

Rechte Seite oben: Wacholderdrossel am Sanddorn.

Rechte Seite unten: Eine weibliche Mönchsgrasmücke. Auch Jungvögel beiderlei Geschlechts haben eine rötlichbraune Kopfplatte.

**2**

# Die Vögel und ihr Futter

Vorhergehende Doppelseite:
Wacholderdrossel mit Vogelbeeren

Grünfink am Futtertisch.

# Vögel am Futterhaus

Von den weltweit etwa 9000 existierenden Vogelarten brüten in Deutschland 250, in der Schweiz 217 und in Österreich 200 Arten. Knapp die Hälfte davon steht in allen drei Ländern auf der Roten Liste und ist stark gefährdet. Im Winterhalbjahr sind je nach Standort der Futterstelle durchschnittlich dreißig Vogelarten anzutreffen. Diese setzen sich aus den ständig im Gebiet vorkommenden (Standvögeln) sowie umherziehenden Arten (Strichvögeln) und Zugvögeln aus dem Norden zusammen. Die Zahl der Individuen und der Vogelarten schwankt von Jahr zu Jahr. Um einen schnelleren Überblick über die jeweiligen Futterplatzgäste zu erhalten, werden in diesem Kapitel die häufigsten Besucher mit einem Bild und einer kurzen Beschreibung vorgestellt.

Für das Ansprechen der Vögel, die im Jugendkleid, Schlichtkleid oder Brutkleid am Futterplatz erscheinen, bedarf es jedoch eines sehr guten Bestimmungsbuches. Darin sind in der Regel über 600 Vogelarten aus den europäischen und angrenzenden Räumen mit ihren Besonderheiten abgebildet und beschrieben. Über bislang unbekannte Vögel sollten kurze Notizen zu Größe, Gestalt und Gefiederfarbe festgehalten werden. Von besonderer Bedeutung sind die Überaugenstreife, Flügelspitzen und äußeren Schwanzfedern, Farbe und Form der Beine und des Schnabels sowie die Bewegungsweisen, um später anhand dieser Aufzeichnungen eine Bestimmung zu ermöglichen. Heute können eine oder besser mehrere digitale Fotoaufnahmen diese Notizen ersetzen.

Am Beobachtungsplatz sollten stets ein gutes Fernglas, ein Notizblock und/oder eine Digitalkamera sowie ein Bestimmungsbuch bereitliegen, in dem alle in Mitteleuropa vorkommenden Arten abgebildet und beschrieben sind.

## Vogelporträts

### Kohlmeise

Die mit 14 cm Länge größte Meise kommt außer im Nadel-
wald überall ganzjährig vor. Das Männchen ist am breiten
schwarzen Bauchstreif zu erkennen. Der Höhlenbrüter hat
jährlich zwei Bruten mit 8–12 Eiern. Im Sommer Insektenfresser, im Winter besucht sie oft den Futterplatz.

### Blaumeise

Unverwechselbare blau-gelbe, 12 cm große Meise, bewohnt vor allem Laub- und Mischwälder. Die Geschlechter
sind gleich gefärbt. Ist wie alle Meisen ein Höhlenbrüter,
zwei Bruten mit 10–12 Eiern. Ist ganzjährig am Futterplatz
zu beobachten.

### Sumpfmeise (Bild) und Weidenmeise

Beides sind graubraune Meisen mit schwarzer Kopfplatte
und schwarzem Kinn. Im Freiland am besten an der
Stimme zu unterscheiden. Die Geschlechter sind gleich
gefärbt. Höhlenbrüter mit einer Brut im Jahr. Ganzjährig
im Brutgebiet. Häufiger Futterplatzbesucher.

### Tannenmeise

Mit 11 cm Länge ist sie unsere kleinste Meise. Bei beiden
Geschlechtern der schwarzköpfigen Meise fällt der weiße
Nackenfleck und die doppelte weiße Flügelbinde auf.
Bevorzugt Nadelwälder, auch in Parks und in Gärten mit
großem Baumbestand. Kommt ganzjährig vor. Höhlenbrü-
ter, 2–3 Bruten im Jahr.

### Haubenmeise

Aufgrund der spitzen Haube und der schwarz-weißen Kopfzeichnung ist sie unverwechselbar. Die Geschlechter sind gleich gefärbt. Ist an Nadelwälder gebunden, nur gelegentlich, vor allem im Winter, ist sie in parkähnlichem Gelände mit Nadelbäumen zu sehen. Höhlenbrüter, 1–2 Bruten im Jahr. Kommt ganzjährig vor.

### Schwanzmeise

Aufgrund des langen Schwanzes nicht zu verwechseln, über die Hälfte der Körperlänge von 14 cm entfällt auf ihn. Beide Geschlechter schwarz-weiß mit rosa Anflug, Kopfzeichnung variiert. Sie ist keine echte Meise und baut ein kugelförmiges Nest mit seitlichem Einflugloch. Jährlich 1–2 Bruten. Kommt meist in kleinen Trupps an den Futterplatz.

### Kleiber

Wird wegen des kräftigen langen Schnabels und seiner Kletterkünste am Stamm auch Spechtmeise genannt. Kann als einziger heimischer Vogel kopfabwärts klettern. Die Geschlechter sind weitgehend gleich gefärbt; Oberseite blaugrau, Unterseite bräunlich. Er ist an Wald- oder Parkgelände mit altem, hohem Baumbestand gebunden. Brütet in Höhlen, deren Eingänge er passgerecht mit Lehm zumauert, eine Brut mit 6–8 Eiern. Häufiger Futterplatzbesucher.

### Haussperling

Kommt überall vor, wo Menschen siedeln, auch in der Großstadt (Berlin!). Geschlechter sind gut zu unterscheiden: Männchen mit grauer Kappe, weißlichen Wangen, schwarzem Kehlfleck und weißen Flügelbinden; Weibchen einheitlich graubraun. 2–3 Bruten in Höhlen und Nischen. Ausgesprochener Körnerfresser. Regelmäßig in Trupps an den Futterstellen.

### Feldsperling

Er ist kleiner als Haussperling und kommt nicht in der Stadt, sondern in der offenen Landschaft vor. Die Geschlechter sind gleich gefärbt. Braunroter Oberkopf, schwarzer Fleck auf weißer Wange und weißer Halsring unterscheiden ihn deutlich vom Haussperling. 2–3 Bruten in Höhlen. Häufig besucht er Futterstellen.

### Buchfink

Der sperlingsgroße Körnerfresser zählt zu den häufigsten Vögeln Europas. Männchen zur Brutzeit erkennbar am blaugrauen Scheitel und Nacken, dem kastanienbraunen Rücken und der rötlichen Unterseite; Weibchen sind schlichter gefärbt mit dunkel olivbraunem Rücken und hell graubrauner Unterseite. Zwei Bruten hoch in Bäumen. Kommt meist nur vereinzelt an den Futterplatz und sucht dort Futter am Boden.

### Grünfink

Der sperlingsgroße, besonders zur Brutzeit auffällig gelbgrün gefärbte Körnerfresser ist ganzjährig fast überall häufiger Futterplatzbesucher. Die Weibchen zeigen weniger Gelb. Zwei Bruten in Hecken und Sträuchern. Im Winter oft in Schwärmen mit anderen Finken.

### Bergfink

Der sperlingsgroße Fink ist ein nordeuropäischer Brutvogel, der nur als Wintergast oder Durchzügler unsere Futterstellen aufsucht. In manchen Jahren tritt er invasionsartig auf. Unterscheidet sich vom Buchfink durch die orangebraune Brust und Schulter sowie den weißen Bürzel. Weibchen nicht so auffällig in der Farbe, weniger Schwarz an Kopf und Rücken. Im Ruhekleid haben alle schwarzen Federn an Kopf und Rücken braune Säume. Die Farbenpracht des Brutkleides bekommen wir am Futterplatz nicht zu Gesicht.

### Erlenzeisig

Ein kleiner Körnerfresser von 12 cm Länge. Die Männchen sind gelbgrün mit schwarzem Scheitel, die Weibchen graugrün. Brütet nur selten im Flachland, sondern in den Mittelgebirgslagen und kommt deshalb nur im Winter am Futterhaus vor. Dort hängen die guten Kletterer oft an Meisenknödeln. In manchen Jahren finden große Einflüge des kleinen Finken aus Skandinavien statt.

### Birkenzeisig

In der Alpenregion ist der Alpenbirkenzeisig ganzjährig vorhanden. Die in Nordeuropa brütende Unterart kommt im Tiefland in Mitteleuropa nur als Durchzügler oder Wintergast vor. In manchen Jahren tritt er in Massen auf. Beide Geschlechter haben eine rote Stirn und eine schwarze Kehle. Die Oberseite ist bräunlich gestrichelt, Männchen haben eine karminrote Brust, Weibchen eine weißliche. Bevorzugt Futteraufnahme am Boden.

### Stieglitz

Durch die rot-weiß-schwarze Kopfzeichnung und die gelb leuchtenden Flügelbinden auf den schwarzen Flügeln ist es unmöglich, ihn mit anderen Arten zu verwechseln. Der 12 cm große Körnerfresser ist ganzjährig im Brutgebiet vorhanden. Nester hoch in Bäumen, zieht zwei Bruten auf mit je 5–6 Eiern. Lebt im Winter gesellig. Kommt in größeren Trupps an die Futterplätze, wobei er die Bodenfütterung vorzieht.

### Girlitz

Als Zugvogel nur von März bis Oktober am Futterplatz zu erwarten. Unser kleinster Fink. Durch den kurzen, gedrungenen Schnabel gut vom Erlenzeisig zu unterscheiden. Männchen in Gesicht und auf Brust gelblich, Weibchen weniger gelblich, beide Geschlechter mit gelbem Bürzel. Zwei Bruten in Nestern über 3 m hoch in Bäumen. Kommt häufig paarweise zum Futterplatz. Bevorzugt Bodenfütterung.

### Gimpel

Der kräftig gebaute, 16 cm große Vogel fällt durch die schwarze Kopffärbung und den kurzen, hohen, schwarzen Schnabel auf. Männchen mit leuchtend rosaroter Unterseite, die beim Weibchen blaugrau beziehungsweise graubraun ist. Ganzjährig im Brutgebiet. Baut sein Nest niedrig in Nadelbäumen, zwei Bruten im Jahr. Kommt überall vor, ist aber kein sicherer Futterplatzbesucher.

### Kernbeißer

Der fast starengroße Vogel beeindruckt durch den mächtigen Schnabel und den großen Kopf. Vorherrschend ist eine rosabraune Färbung, im Rückenbereich dunkler. Auffallend sind das weiße Flügelfeld und die weißen Schwanzspitzen, besonders im Flug. Die Geschlechter sind ähnlich gefärbt, das Weibchen deutlich schlichter. Ganzjährig im Brutgebiet. Brütet nur einmal jährlich hoch im Blätterdach. In Nähe von Laubwäldern und Parks häufiger Gast am Futterplatz, sonst kaum zu sehen, da er sich in den Baumkronen aufhält.

### Goldammer

Unsere häufigste Ammernart. Ein sperlingsgroßer, schlanker Vogel. Beim Männchen sind im Frühjahr Kopf und Kehle leuchtend gelb, das Weibchen weniger gelb, insgesamt schlichter. Beide Geschlechter mit rotbraunem Bürzel. Ihr Nest baut sie am Boden oder dicht darüber. Zwei Bruten im Jahr. Kommt im Winterhalbjahr häufig in Trupps zum Futterplatz und sucht auf dem Boden nach Nahrung.

### Rotkehlchen

Dieser Vogel ist unverwechselbar durch die gelbrote Kehle und Brust bei beiden Geschlechtern, Jungvögel haben bis in den Herbst keine roten Federn. Er ist mit den Drosseln verwandt und ein Insekten- und Früchtefresser. Zwei Bruten werden im Bodenbereich großgezogen. Besucht ganzjährig häufig Futterstellen, jedoch meist als Einzelvogel.

### Heckenbraunelle

Ein unscheinbarer, sperlingsgroßer Vogel. Wird häufig mit Sperlingen verwechselt. Auffällig ist der feine, pfriemenartige Schnabel, ein sicheres Unterscheidungsmerkmal. Die Geschlechter sind ähnlich gefärbt, Oberkopf und Nacken schiefergrau, Rücken rötlich braun. Manche Individuen überwintern, andere sind Teilzieher. Nester niedrig in Hecken, zwei Bruten im Jahr. Nimmt Futter gern vom Boden auf. Fast immer als Einzelvogel am Futterplatz.

### Zaunkönig

Mit dem kurzen Stellschwänzchen und nur 9,5 cm Größe unverwechselbar. Die Geschlechter sind gleich rostbraun gefärbt. Überwintert im Brutgebiet. Baut sein Nest in Bodennähe, zwei Bruten im Jahr. Ist kein regelmäßiger Futterplatzbesucher, kann aber täglich auftauchen. Bleibt meistens in Deckung in Bodennähe.

### Amsel

Die Weibchen sind dunkelbraun mit dunkel gefleckter, hellbrauner Kehle, die Männchen unverkennbar kohlschwarz mit gelbem Schnabel und Augenring. Wie viele Drosseln ausgeprägter Weich- und Früchtefresser. 2–3 Bruten in frei stehenden Nestern, auch in Nischen. Ganzjährig am Futterplatz.

### Wacholderdrossel

Gut amselgroß, ist sie durch ihre Farbigkeit leicht von anderen Drosselarten zu unterscheiden. Schiefergrauer Kopf, Nacken und Bürzel, brauner Rücken und schwarzer Schwanz, Kehle und Brust goldbraun und schwarz gefleckt. Die Geschlechter sind ähnlich gefärbt. Typischer Wintergast, teilweise Masseneinflug aus dem Norden. Nimmt am Futterplatz gerne Beeren und besonders Äpfel.

### Star

Der 21,5 cm große Insekten- und Früchtefresser zählt zu den populären Vogelarten. Die Geschlechter unterscheiden sich nur in Nuancen. Im Frühjahr gelber Schnabel, der sich ab dem Sommer schwarz färbt. Höhlenbrüter mit einer Brut im Jahr. Früher ausgesprochener Zugvogel, heute bleiben immer mehr Individuen im Brutgebiet. In klimatisch günstigen Gebieten ist er ganzjährig am Futterplatz zu erwarten.

### Buntspecht

Unsere häufigste Spechtart. Außerhalb der Alpen ist er bei uns mit 23 cm Länge der größte der drei schwarz-weiß-rot gezeichneten Buntspechte. Kennzeichnend sind die großen weißen Schulterflecke und die leuchtend rote Unterschwanzdecke. Männchen mit rotem Nackenband. Jungvögel haben einen roten Scheitel, der zu Verwechslungen mit dem Mittelspecht führen kann. Ganzjährig im Brutrevier. Eine Brut im Jahr in selbst gezimmerten Höhlen mit 5–7 Eiern. Häufig am Futterplatz, wo er Nüsse und Fettfutter vorzieht.

### Blutspecht

Ist dem Buntspecht sehr ähnlich. Während beim Buntspecht die Halsseiten durch ein schwarzes Band unterbrochen werden, sind die Kopf- und Halsseiten beim Blutspecht jedoch durchgehend weiß. Kommt in Mitteleuropa nur in Österreich vor, sein Verbreitungsgebiet liegt in Osteuropa und Vorderasien. Brutverhalten wie beim Buntspecht.

### Mittelspecht

Ist etwas kleiner als der Buntspecht. Beide Geschlechter haben einen roten Scheitel, der beim Weibchen kürzer ist. Die weißen Schulterflecke sind schmaler als beim Buntspecht. Die Unterschwanzdecke ist rosa gefärbt. Kommt nur in Laubwaldgebieten vor, bevorzugt Eichenwälder, auch Auen- und Erlenwälder. Brutverhalten wie beim Buntspecht. Nimmt gerne an der Futterstelle Margarine aus Borkenritzen oder Astlöchern.

### Grauspecht

Der etwa 30 cm große Erdspecht (Hauptnahrung Ameisen) ist vom Grünspecht durch den stets grauen Kopf sicher zu unterscheiden. Nur das Männchen hat eine rote Stirn. Kommt in lichten Laub- und Mischwäldern sowie in parkartigem Gelände ganzjährig vor. Eine Brut jährlich in selbst gezimmerten Höhlen. Nimmt wie Mittelspecht Margarine und anderes Fettfutter.

### Türkentaube

Mit 28 cm Länge ist sie die kleinste unserer Taubenarten. Die Geschlechter sind gleich gefärbt. Oberseite sandfarben oder hell beigebraun, Unterseite hellgrau, ein halbmondförmiger, schwarzer Ring ziert den Nacken. Einfache Reisignester auf Bäumen können bis zu vier Bruten beherbergen. Ist ganzjährig ein häufiger Futtergast.

### Ringeltaube

Überwiegend taubenblau gefärbt, ist sie mit ihren 42 cm Länge die größte Taubenart Mitteleuropas. Markant ist für die Altvögel der weiße Halsring. Die Geschlechter sind gleich gefärbt. Kommt überall vor und verstädtert zunehmend. Ihr Zugverhalten schwächt sich ab. Viele Individuen überwintern bereits im Brutgebiet. In einfachen Reisignestern auf Bäumen brüten sie 2–3 Mal im Jahr, Gelege besteht immer aus zwei Eiern. Häufiger Gast am Futterplatz. Benötigt pro Tag 50–70 g Futter.

### Elster

Durch das schwarz-weiße Gefieder sowie den langen Schwanz ist sie unverkennbar. Von ihren 48 cm Körperlänge entfallen 23 cm auf den Schwanz. Die Geschlechter sind gleich gefärbt. Der leider unbeliebte Rabenvogel brütet einmal im Jahr in überdachten Reisignestern. Ist ein Allesfresser und Gast offener Futterstellen.

### Eichelhäher

Unser buntester Rabenvogel ist taubengroß. Auffällig beim rötlich braun gefärbten Waldvogel sind die hellblau-schwarz gebänderten Oberflügeldecken, der schwarze Schwanz und der weiße Bürzel. Kommt in Laub- und Mischwäldern, Parks und Gärten vor. Ist ganzjährig überall anzutreffen, bei Zuzug aus dem Norden auch in Trupps. Er brütet nur einmal im Jahr. Häufiger Futterplatzbesucher.

### Tannenhäher

Taubengroß und dunkelbraun mit weißer Tropfenfleckung. Kommt nur in den Mittelgebirgen und Alpen vor und ist an Nadel- und Mischwälder gebunden. Er baut ein umfang-reiches, tiefnapfiges Nest hoch in Nadelbäumen, nur eine Brut im Jahr.

### Dohle

Unterscheidet sich von anderen Rabenvögeln durch eine Größe von lediglich 33 cm, den kurzen und kolbigen Schnabel, den grauen Nacken und die grauen Ohrdecken sowie die bläulich weißen Augen. Im Winter ist sie oft inmitten der Saatkrähenschwärme zu finden. Sie brütet in Höhlen und Nischen häufig in Kolonien, eine Brut im Jahr.

### Krähen

Am Futterhaus können beide Krähenarten, Rabenkrähe und Saatkrähe (Bild), vorkommen. Beide sind 47 cm groß und haben ein vollständig schwarzes Gefieder. Die Saat-krähe unterscheidet sich durch die weißlich graue, nackte Schnabelwurzel, die aber den Jungvögeln fehlt, dadurch sind Verwechselungen häufig. In Mitteleuropa überwin-tern große Saatkrähenschwärme aus Osteuropa und Sibi-rien. Hiesige Brutvögel überwintern im Gebiet. Die Saat-krähe brütet häufig in Kolonien. Beide Krähenarten brüten nur einmal im Jahr. Häufige Futterplatzbesucher in offe-nem Gelände.

# Futter

Wild lebende Vogelarten haben unterschiedliche Ansprüche an ihre Nahrung. Körnerfresser wie Haussperling, Stieglitz oder Tauben haben andere Bedürfnisse als Weichfresser. Zu den Weichfressern gehören Insektenfresser wie Kohlmeise, Blaumeise, Hausrotschwanz und Früchtefresser wie Amsel, Rotkehlchen und Star. Dementsprechend breit gefächert sollte das dargebotene Futter sein.

Fleischfresser wie Greifvögel, Fischfresser wie Eisvögel und ausgesprochene Nahrungsspezialisten haben besondere Nahrungsbedürfnisse.

Zu den wenigen Allesfressern zählen Rabenvögel und Möwen. Amseln werden im Winterhalbjahr vorübergehend ebenfalls zu Allesfressern.

Ein Gartenrotschwanzmännchen mit einer Spinne im Schnabel. Beide Rotschwanzarten lassen sich mit kleinen Mehlkäferlarven anlocken.

Die Lachmöwe ist ein Allesfresser.
Hier ist sie im Schlichtkleid zu
sehen, wie sie ein Stück Weißbrot
ergattert hat .

## Futterwechsel nach Saison

In der kalten Jahreszeit haben Vögel einen wesentlich höheren Energieverbrauch. Sie müssen ihre hohe Körpertemperatur von über vierzig Grad Celsius und den intensiven Stoffwechsel durch viel energiereiche Nahrung aufrechterhalten. Fliegen ist wesentlich energieaufwendiger als Laufen oder Klettern. Finkenvögel haben den geringsten Energiebedarf bei sommerlichen dreißig Grad Celsius.

Bei einer Lufttemperatur von fünf Grad Celsius sind Futter- und Energieaufnahme um dreißig Prozent höher als bei zwanzig Grad Celsius. Bei tieferen Frosttemperaturen reicht die Nahrungsaufnahme manchmal nicht aus, um die Lebensvorgänge aufrechtzuerhalten. Die Vögel verlieren trotz ausreichender Futteraufnahme an Gewicht, können sogar verhungern. Arten, die ganze Samenkörner verschlucken, verbrauchen infolge des geringeren Energiegehaltes der Schalen durchschnittlich 25 Prozent mehr Futter als jene, die die Samen schälen. Der Schalen- und Spelzenanteil variiert zwischen 15 und 45 Prozent, Hanfsamen haben mit 45 Prozent den höchsten Schalenanteil.

Von Vorteil für die Fütterung ist, dass während des Wachstums, der Fortpflanzung, der Mauser, bei Flugleistung oder bei Kälte viele Vogelarten die Nahrung wechseln. So ernähren sich beispielsweise Ammern, Buchfink und Bergfink während der Fortpflanzungsphase nur von Insekten, obwohl sie zu den Körnerfressern zählen.

Goldammern (Männchen mit gelbem Kopf) und ein Grünfink an der Bodenfütterung.

### Futterspezialisten

Einige Vogelarten überbrücken die Zeit des geringen Insektenangebotes, indem sie ihr Nahrungsspektrum auf Samen und Früchte umstellen. Es gibt Vogelarten mit Vorlieben für einzelne Futterkomponenten, das trifft auch auf nah verwandte Arten zu. So bevorzugen Girlitze, die zeitig aus dem Süden zurückkehren, eher kohlenhydratreiche Saaten, Zeisige dagegen überwiegend fettreiche.

Futtermittel haben je nach Vogelart eine unterschiedliche Akzeptanz. Sonnenblumenkerne, Hanfsamen und Negersaat werden aufgrund ihrer Schmackhaftigkeit gegenüber anderen Ölsaaten bevorzugt. Hanfsamen sowie weiße und gestreifte Sonnenblumenkerne haben eine sehr harte Schale, deshalb werden sie von kleineren Vögeln weniger gefressen. Diese Aspekte müssen beachtet werden.

Im Winter und insbesondere bei bedecktem Himmel ist die Zeit für die Futteraufnahme erheblich eingeschränkt, da es länger dunkel ist. Die Vögel müssen zu Tagesbeginn schnellstmöglich energiereiche Nahrung finden, die sie mit geringem Aufwand verzehren können. Beispielsweise benötigen Zeisige für das Schälen von Hanfsamen viel Zeit und Energie und bevorzugen deshalb die kleineren, schwarzen Sonnenblumenkerne. Hilfreich ist es, Hanfsaat für die kleineren, dünnschnäbligen Vogelarten leicht gequetscht anzubieten.

Ein Kernbeißer braucht zum Enthülsen einer Buchecker etwa eine Minute, aber für Sonnenblumenkerne und Kirschkerne jeweils nur fünf Sekunden.

Oben links: Der Girlitz – hier ein Männchen – unterscheidet sich vom Erlenzeisig (rechts) deutlich durch seinen kurzen Schnabel und den gelben Bürzel (außer bei Jungvögeln).

Oben rechts: Das Erlenzeisigweibchen gelangt durch seinen spitzen länglichen Schnabel an die Nussfrüchte im Erlenzapfen.

Rechte Seite: Türkentauben bevorzugen die Bodenfütterung.

Insektenfresser haben einen höheren Nahrungsbedarf als Körnerfresser. So müssen Meisen und andere kleine Insektenfresser täglich genau so viel Nahrung aufnehmen, wie sie wiegen.

Eine Rabenkrähe kann ihren täglichen Energiebedarf durch vier bis fünf Walnüsse decken. Würde sie sich lediglich von Äpfeln ernähren, müsste sie dagegen 200 Gramm aufnehmen, was der Hälfte ihrer Körpermasse entspricht.

Diese kleine Aufzählung wichtiger Aspekte der Vogelfütterung soll verdeutlichen, dass jede Fütterung nur eine Zufütterung sein kann. Vor allem die Winterfütterung muss einen hohen Anteil energiereicher Futterkomponenten aufweisen.

### Was soll ich füttern?

Die Futtermittelindustrie versorgt den Handel mit einer kaum überschaubaren Palette von Körnerfuttermischungen, speziellen Weichfuttersorten, Einzelsämereien und Fettfuttererzeugnissen in den unterschiedlichsten Zusammensetzungen. Getrocknete Früchte, Beeren, Insekten gehören ebenso dazu wie lebende oder gefrostete Futtertiere. Es wird dabei in der Futterzusammenstellung immer häufiger zwischen Winterstreufutter und Gartenfutter unterschieden. Gartenfutter hat einen höheren Weichfutteranteil und eignet sich besser für die Ganzjahresfütterung. Qualität und Preis unterscheiden sich erheblich.

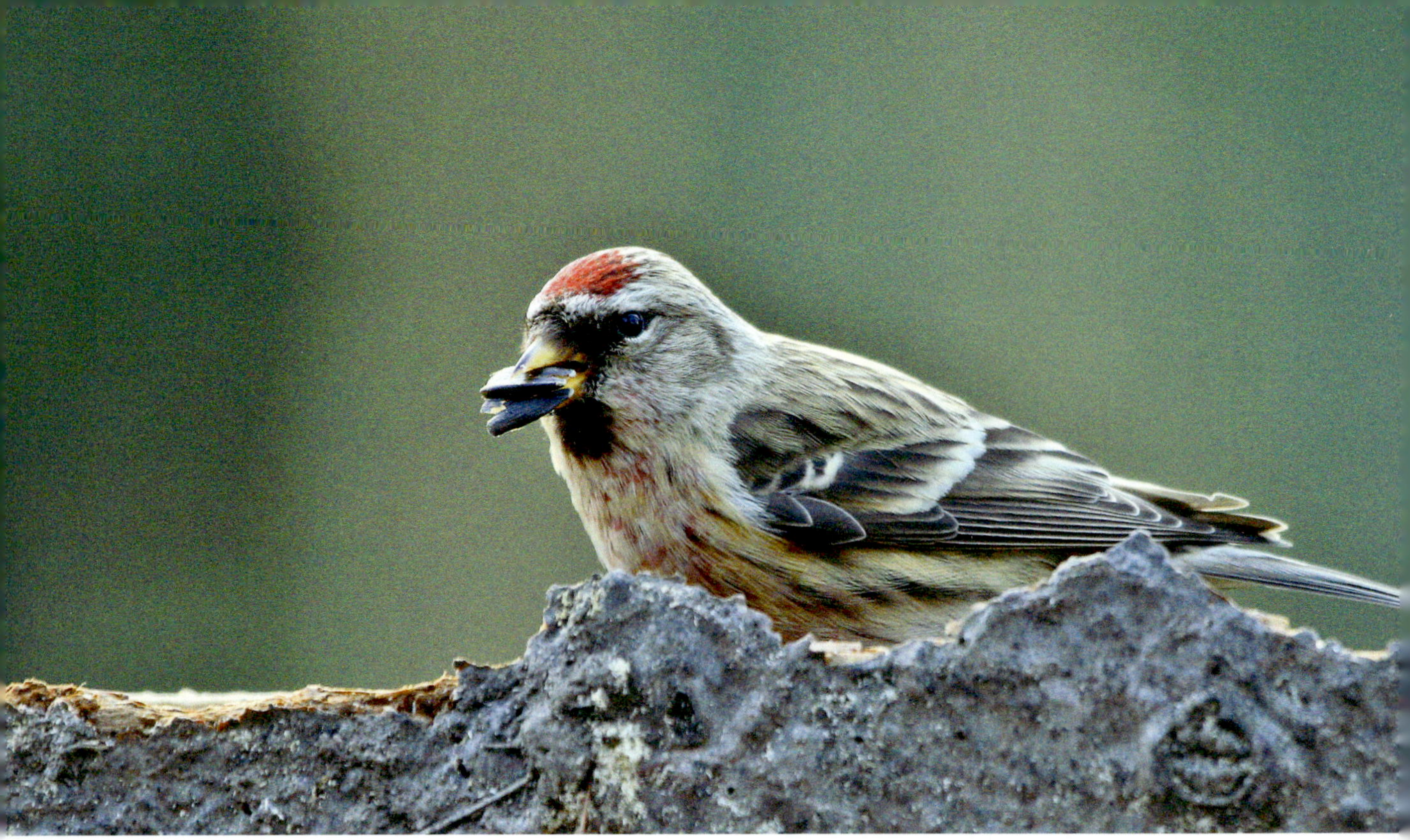
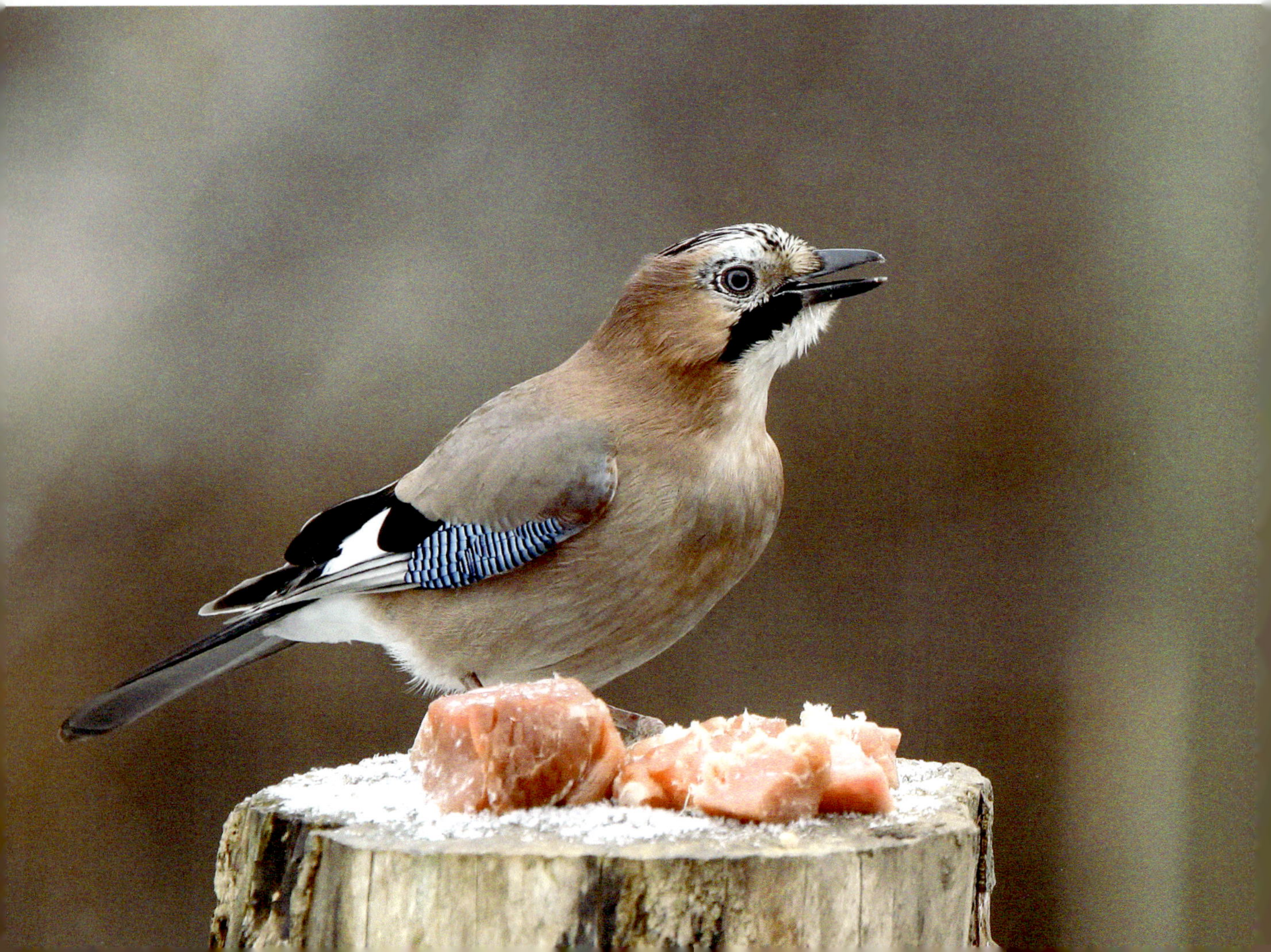

Sonnenblumenkerne, Hanfsamen und Erdnüsse sind aufgrund ihres hohen Fett- und Eiweißgehaltes sowie der guten Akzeptanz bei vielen Vogelarten die Hauptbestandteile in den Standardfuttermischungen. Je nach Zielgruppe werden kohlenhydratreiche Sämereien, wie Hafer, Weizen, gebrochener Mais, Hirse und Glanz (Kanariengras, *Phalaris canariensis*), beigefügt. Sie sind für Futterhäuser, Futterautomaten, Futtertische sowie für die Bodenfütterung geeignet. Futtersäulen werden je nach Größe ebenfalls mit diesen Futtermischungen oder mit Einzelsaaten gefüllt. Neger- oder Nigersaat hat eine kleine Korngröße sowie eine längliche Kornform und sollte als Einzelsaat in Futtersäulen angeboten werden.

### Futter auf Gäste abstimmen

Für Neueinsteiger im Bereich der Vogelfütterung ist es wichtig zu wissen, welche Vogelarten in seiner Wohngegend die Futterstellen besuchen. Wenn hauptsächlich Meisen den Futterplatz aufsuchen, lohnt es sich nicht, Futter mit hohem Getreidekörneranteil auszuwählen. Es ist besser, schwarze Sonnenblumenkerne, Haferflocken und ein Fettprodukt wie Meisenknödel anzubieten. Diese drei Futterkomponenten werden von fast allen Vogelarten gern gefressen und bis auf die Schalen der Sonnenblumenkerne restlos aufgenommen.

Hat man nach einiger Zeit einen Überblick über seine ständigen Futterplatzbesucher bekommen, verbessert man entsprechend den Vorlieben dieser Arten die Fütterung mit weiteren Komponenten. Erdnüsse oder Erdnussbruch in jeglicher Form, am besten jedoch im Erdnussspender, sind das ganze Jahr über ein wertvolles Futter.

Für Finkenvögel bieten sich Kleinsämereien an wie Mohn, Negersaat, Rübsen, Leinsamen, Distelsamen, Salatsamen, Glanz und verschiedene Hirsesorten, die auch in Waldvogel-, Kanarienvogel- oder Wellensittich-Futtermischungen enthalten sind. Kommen Türken- und Ringeltauben an den Futterplatz, können Getreidekörner, Erbsen und Mais in der Futtermischung enthalten sein. Goldammern als Bodenvögel sind dankbar für Hafer, Quetschhafer und andere Getreidearten. Äpfel, getrocknete Wildfrüchte und Rosinen werden nicht nur von Weichfressern verzehrt.

Linke Seite, oben: Birkenzeisige knacken problemlos schwarze Sonnenblumenkerne.

Linke Seite unten: Eichelhäher als Allesfresser machen den Greifvögeln die Fleischration streitig.

Hasel-, Zirbel- und Walnüsse haben ebenfalls einen hohen Fett- und Eiweißgehalt. Um allen Vogelarten den Zugang zur Nussnahrung zu ermöglichen, sollte man die Nüsse zerkleinern. Aufgrund des vielseitigen Angebotes an Einzelsaaten kann jedermann seine spezielle Futtermischung herstellen. Einzelheiten zum Futterbedarf der jeweiligen Vogelarten sind aus der folgenden Tabelle ersichtlich.

Oben links: Gimpel als Knospenfresser – hier das Männchen mit leuchtend roter Unterseite – sind immer eine Attraktion am Futterplatz.

Unten links: Saatkrähen meißeln Walnüsse auf fester Unterlage auf oder lassen sie aus ca. 10 Meter Höhe auf die Straße fallen, damit sie aufplatzen.

Oben rechts: Ein Mittelspecht am mit Margarine gefüllten Baumloch.

Unten rechts: Kernbeißer beeindrucken durch ihren gewaltigen Schnabel, der in Sekundenschnelle Kirschkerne knackt.

## Die Vogelarten und ihre bevorzugten Futtersorten an der Futterstelle

| | |
|---|---|
| Haussperling, Feldsperling, Kohlmeise, Blaumeise, Sumpfmeise, Weidenmeise, Tannenmeise, Kleiber | Sonnenblumenkerne, Erdnüsse, öl- und kohlenhydratreiche Kleinsämereien, Haferflocken, Fettflocken, Fettfutter, Fette, Nussbruch, Weichfutter, Obst, Mehlwürmer |
| Schwanzmeise, Haubenmeise | Fettfutter, Fette, geschrotete Erdnüsse, feiner Nussbruch |
| Grünfink, Buchfink, Bergfink, Erlenzeisig, Birkenzeisig, Stieglitz, Gimpel | Sonnenblumenkerne, Erdnüsse, ölhaltige Kleinsämereien auch Fettfutter |
| Goldammer | Getreide, Quetschhafer, Haferflocken, gelegentlich Sonnenblumenkerne |
| Kernbeißer | Sonnenblumenkerne, Bucheckern, Kirschkerne |
| Girlitz | kohlenhydratreiche Kleinsämereien, gelegentlich schwarze Sonnenblumenkerne |
| Buntspecht, Mittelspecht, Grauspecht, in Österreich auch Blutspecht | Fettfutter, Fette in Löcher oder Ritzen gedrückt |
| Bunt- und Blutspecht | auch Sonnenblumenkerne, Nüsse in jeder Form |
| Türkentaube, Ringeltaube | Getreide, Sonnenblumenkerne, öl- und kohlenhydratreiche Sämereien |
| Ringeltaube | auch Bucheckern und Eicheln |
| Heckenbraunelle | ölhaltige Kleinsämereien, Haferflocken, Krümel von Fettfutter und Nussbruch, Weichfutter, Mehlwürmer |
| Rotkehlchen, Zaunkönig | Fettfutter, Weichfutter, Haferflocken, geschrotete Erdnüsse, Fettflocken, Mehlwürmer |
| Amsel, Star, Wacholderdrossel | Fettflocken, Fettfutter, Nussbruch, Erdnüsse, Haferflocken, Weichfutter, Obst, Rosinen, Beeren |
| Wacholderdrossel | hauptsächlich Äpfel, Beeren von Ebereschen, Weißdorn u. a |
| Rabenvögel: Elster, Eichelhäher, Krähen, Dohle, Alpendohle, Tannenhäher | Rabenvögel als Allesfresser finden an jeder Futterstelle Nahrung; Fettfutter wird bevorzugt |

## Futtermittelsorten

| | | |
|---|---|---|
| **ölhaltiges Futter** | Sonnenblumenkerne (schwarz, gestreift, weiß) | Die kleineren, schwarzen Kerne können auch von kleinschnäbligen Vögeln geöffnet werden. |
| | Nüsse | Hasel-, Walnüsse, Bucheckern, Zirbel- oder Piniennüsse |
| | Erdnuss | Ist keine Nuss, sondern eine Hülsenfrucht, wird aber wegen des hohen Fettgehaltes als Nuss bezeichnet. |
| | ölhaltige Kleinsämereien | Hanfsamen, Mohnsamen, Leinsamen, Rübsamen, Negersaat, Distelsamen, Zichoriensaat, Salatsamen, Fichtensamen |
| | Fette | Ungesalzener Rinder- und Hammeltalg sowie Schweineschmalz, feste Pflanzenfette wie Kokos- und Palmfett, Streichfette wie Margarine als Mischung aus Ölen und festen Fetten; Öle |
| | Fettfuttermischungen | Tierische Fette und pflanzliche Öle werden in erwärmtem Zustand mit Sämereien, Sojamehl, Früchten oder Insekten vermischt und in Ringe, Becher, halbe Kokosnussschalen oder andere Formen gefüllt. Werden den Mischungen Kleie oder Getreideflocken zugesetzt, können sie beim Erkalten zu Knödeln geformt werden. |
| | Fettflocken | Futterflocken aus Hafer, Weizen, Gerste oder Mais werden in erwärmtem Fett oder mit pflanzlichen Ölen getränkt. |
| **kohlenhydratreiches Futter** | Getreide | Hafer, Weizen, Gerste, Mais |
| | Kleinsämereien | Glanz, verschiedene Hirsesorten, Kolbenhirse, Grassamen, Kleesaaten |
| | Obst | Man kann jegliche Früchte anbieten, in der Praxis haben sich Äpfel bewährt. |
| | Weichfutter | Eine Mischung aus Getreidefettflocken, Biskuit und anderen Bäckereiprodukten, Rosinen, getrockneten Beeren und Früchten, Erdnussbruch, getrockneten Insekten, Kleinkrebsen und Garnelen. Hat eine krümelige Konsistenz. |
| | Mehlwürmer | Getrocknet und lebend |

## Die Tischmanieren der Vögel

An den Futterstellen bekommt der Beobachter Einblicke in das unterschiedliche Fressverhalten der Vögel. Morgens und am späten Nachmittag wird am meisten Futter aufgenommen. Die Mittagszeit wird vorwiegend zum Ausruhen und für die soziale Kontaktpflege genutzt.

Meisen holen sich einen Sonnenblumenkern und hacken ihn an einer geschützten Stelle auf; dabei wird der Kern mit beiden Füßen festgehalten. Kleiber nehmen häufig gleich mehrere Körner mit, um sie in Baumritzen als Vorratsdepot zu verstecken. Körnerfresser, wie Sperlinge, Buch-, Berg- und Grünfinken oder Kernbeißer, fressen, wenn sie nicht gestört werden, bis sie satt sind. Satt sind die Finkenvögel erst, wenn der Magen und der Kropf (eine Erweiterung der Speiseröhre am Hals der Vögel) gefüllt sind. Der Kropf füllt sich aber erst, wenn der Magen voll ist. Die aufgenommene Nahrung wird innerhalb weniger Stunden verdaut, sodass diese Vögel erneut an der Futterstelle erscheinen. Von der Nahrungsaufnahme bis zur Ausscheidung des Kotes vergehen bei Körnernahrung wenige Stunden, bei Weichfressern nur bis zu zwei Stunden und beim Verzehr von Mistel- und Sanddornbeeren nur einige Minuten.

Kohlmeisen gehören zu den häufigsten Futterplatzbesuchern.

Bei Tauben bleibt die Körnernahrung länger im Kropf, da die nicht entspelzte oder ungeschälte Nahrung erst eingeweicht und vorverdaut werden muss. Bei Tauben kann man beobachten, wie sich der Kropf füllt und wie die Vögel dabei den Hals strecken, damit größere Körner den oberen Teil der Speiseröhre passieren können. Bekannt ist der Fall einer Ringeltaube, die ihren Kropf mit 156 Bucheckern gefüllt hatte.

Rabenvögel sammeln Futter in ihrem Kehlsack, sie haben keinen Kropf. Beim buntesten Vertreter der Rabenvögel, dem Eichelhäher, hat der Kehlsack ein Fassungsvermögen von bis zu neun Eicheln. Einen Großteil der aufgenommenen Nahrung verwenden Rabenvögel zur Vorratshaltung. Eichelhäher sollen bis zu 5000 Nahrungsverstecke im Jahr anlegen.

### Vogelfutter sammeln

Jeder kann einen gewissen Teil seines Vogelfutterbedarfes übers Jahr in der Natur sammeln und konservieren. Wildfrüchte wie Ebereschen- und Weißdornbeeren können gefrostet oder getrocknet werden. Samen von Bäumen und Sträuchern, wie Haselnuss, Eiche, Buche, Ahorn, oder Erlenzweige mit vielen Zapfen können im Winter die Futterpalette erweitern. Erlensamen lassen sich an Ufern von stehenden Gewässern kurz nach der Schneeschmelze mit einem Netz von der Wasseroberfläche abfischen. Für Stieglitze und Zeisige können Stängel von Disteln,

Oben: Türkentauben müssen bei grober Nahrung wie Maiskörnern und Erbsen den Hals strecken, um die Passage in den Kropf zu erleichtern.

Rechte Seite, links: Stieglitze bevorzugen Distelsamen und werden deshalb auch Distelfinken genannt. Ebenso klauben sie gerne Klettensamen aus den Fruchtständen.

Rechte Seite, rechts: Blaumeise an den Fruchtständen der Goldrute.

Kletten, Beifuß, Nachtkerze und Goldrute zu Sträußen gebunden und aufrecht stehend getrocknet werden. Gartenbesitzer sollten die Fruchtstände der Blumen und Stauden im Herbst nicht zurückschneiden, sondern den Vögeln überlassen. Sonnenblumen, Maisstängel, Hirsepflanzen, Salatsamen von geschossenem Salat können im Garten gezogen und in getrockneter oder eingefrorener Form im Winter oder im zeitigen Frühjahr den Vögeln gereicht werden.

Der Futteraufwand wird dadurch nicht merklich vermindert, aber die Naturerlebnisse werden vielfältiger. Vogelfreunde werden reichlich belohnt, wenn sie beobachten können, wie Stieglitze oder Grünfinken die Samen aus den Fruchtständen der Pflanzen herauspicken oder wie Erlenzeisige mit ihren Schnabelspitzen die nussähnlichen Samen aus den Erlenzapfen holen und die Fruchtknoten der Nachtkerzen öffnen, um an die Samen zu gelangen.

# 3

## Vogelbeobachtungen am Futterplatz

Das Buntspechtweibchen vertreibt
«handgreiflich» einen Feldsperling.

# Aggressives Verhalten

An unseren Vogelfutterplätzen können sich auch Dramen abspielen. Wir können im Laufe des Jahres alle wesentlichen Aspekte des Vogellebens beobachten. Wir sind dabei, wenn die Jungvögel zum ersten Mal die Fütterung besuchen, wenn sie gefüttert werden, und wir erleben mit, wie sie sich langsam – manchmal beschleunigt durch abweisendes Verhalten der Eltern – selbstständig machen.

Zum Sozialleben von Vögeln gehört auch Aggression. Sie ist ein normaler Bestandteil des Verhaltens und nötig, damit sich die einzelnen Vögel im Kampf ums Dasein gegenüber Artgenossen, aber auch gegenüber anderen Lebewesen durchsetzen.

Vögel, die ein Revier besitzen oder beanspruchen, werden ihre exklusiven Rechte auf bestimmte Gebiete, Nahrungsquellen oder Sexualpartner aggressiv durchsetzen. Zum Beispiel werden während der Brut der Nistplatz und bei paarbildenden Vögeln der Partner und die Nachkommen durch aggressive Aktionen gegen Eindringlinge verteidigt.

In der Verhaltensbiologie verwendet man den Ausdruck Aggression für Auseinandersetzungen zwischen Artgenossen oder auch zwischen Vertretern verschiedener Arten. Aggressivität ist die Bereitschaft zur gegnerischen Auseinandersetzung.

Aggressives Verhalten lässt sich in einer Vielzahl verschiedener Kampfhandlungen beobachten, die von Drohung und Einschüchterung, Vertreibung, Schmerzzufügung und Verletzung, in Einzelfällen bis zur Tötung reichen.

Am Vogelfutterplatz treten hauptsächlich Aggressionen wegen der Nahrungsressource und jahreszeitlich unterschiedlich wegen der beanspruchten Reviere auf. Um den Futterplatz zu besuchen, müssen viele Vögel in das Revier desjenigen Vogels eindringen, in dessen Territorium die Futterstelle liegt. Das bedeutet Stress für alle Beteiligten. An der Futterstelle selbst können wir beobachten, wer sich gegen wen durchsetzt. Dabei lässt sich feststellen, wie auch innerhalb einer Art eine starke Konkurrenz herrscht. Wir können aber auch erkennen, dass es starke individuelle Unterschiede gibt. So ist längst nicht jede Kohlmeise jeder Blaumeise überlegen.

Bei ganzjähriger Fütterung können auch während der Zeit der Paarfindung Aggressionen wegen Partnerbeziehungen beobachtet werden. In fast allen Fällen reicht es aus, wenn ein Vogel aggressive Signale aussendet, so kann eine direkte Kampfhandlung sehr oft vermieden werden. Diese Signale können das Zur-Schau-Stellen der eigenen Kräfte sein oder akustisch durch Drohrufe oder Scheinangriffe erfolgen und letztlich durch tatsächliche kämpferische Attacken. Dominante Vögel sichern ihren Status durch Flügelspreizen, Aufstellen des Kopfgefieders und Aufreißen des Schnabels. Durch diese Abschreckungsgesten erleichtern sie sich den Zugang zur Nahrung am Futterplatz.

Insgesamt kann man feststellen, dass große Vögel die kleinen Vögel, die meist stärkeren Männchen die Weibchen und alte Vögel die Jungvögel dominieren. Massiv mit Parasiten behaftete Individuen werden immer dominiert.

Ein Erlenzeisigmännchen verteidigt seinen Futterplatz gegen die anfliegende Blaumeise durch Schnabelaufreißen und Flügelaufstellen.

Rotkehlchen verteidigen bereits im Winter «ihren» Futterplatz und ihr Revier aggressiv gegen Artgenossen und Vertreter anderer Vogelarten. Sie zählen zu den aggressivsten Vögeln am Futterplatz überhaupt. Bereits um den Jahreswechsel herum beginnt bei ihnen die Paarfindung. Beide Partner können dann am Futterplatz gemeinsam beobachtet werden. Sie vertreiben ihre Artgenossen durch Gesang, durch «Sich-zur-Schau-Stellen», bei dem die rote Brustpartie eine große Rolle spielt, oder durch offenen Angriff, bei dem die Gegner oft durch mehrere Gärten hindurch hartnäckig verfolgt werden. Diese sehr zeitige Revier- sowie Paarbindung erklärt auch, dass Rotkehlchen meist nur als Einzelvögel oder als Paar am Futterplatz vorkommen.

Amseln verteidigen ihr Revier ebenfalls sehr aggressiv, wobei sie am Boden und in der Luft kämpfen. Das lässt sich gut an den Futterstellen beobachten, wenn sie auf schneebedecktem Boden selbst einzelne Äpfel erbittert verteidigen.

Die Türkentaube fordert durch Flügelaufstellen und breites Schwanzfächern Respekt von den Haussperlingen.

Andere Vogelarten, wie der Grünfink, kommen im Winter manchmal in großen Gruppen zur Fütterung auf engstem Raum und sitzen meist friedlich fressend nebeneinander. Die Rangfolge ist längst geklärt, und wenn es einen Konflikt gibt, reicht das drohende Aufreißen des Schnabels. Das verändert sich zum Frühjahr hin mit der Paarfindung deutlich. Allerdings wird mehr Energie auf die Verteidigung des Weibchens verwendet. Denn Grünfinken verteidigen nur kleine Reviere in der Nestumgebung, da sie zur Nahrungssuche weit umherfliegen müssen, um die jeweils fruchtenden Pflanzen zu besuchen. Da würde es sich nicht lohnen, große Reviere zu verteidigen.

Strenge Reviervögel sind dagegen beispielsweise Meisen, die mit ihrem Revier auch ihre Nahrungsreserven verteidigen. Die Reviergröße schwankt je nach Qualität des Lebensraums: Je weniger Nahrung vorhanden ist, desto mehr Raum muss täglich durchstreift werden, um nicht zu verhungern. Das Revier einer Kohlmeise ist in der Regel etwa zwei Hektar groß, kann aber bei günstigen Nahrungsbedingungen auch nur einen halben Hektar umfassen. Der kleine Zaunkönig beansprucht etwa einen Hektar.

Im Sommer, nach der Brut, ebbt die Aggressivität ab. Die Jungen sind selbstständig, und die Eltern müssen sich entweder auf den Zug ins Winterquartier vorbereiten, oder es steht die kräftezehrende Gefiedermauser an. Obwohl im Sommer aufgrund des Nachwuchses so viele Vögel der heimischen Bestände bei uns sind wie in keiner anderen Jahreszeit, sind sie nur selten zu sehen. Auch an der Futterstelle ist nur wenig Aktivität zu bemerken. Gute Beobachtungsmöglichkeiten gibt es aber dennoch, wenn Tränke und Badestelle regelmäßig mit frischem Wasser versorgt werden.

Linke Seite: Der Kernbeißer vertreibt den Haussperling vom Futterplatz, indem er sich niederduckt und den Kopf anhebt.

Oben: Angriffsverhalten unter Artgenossen – hier Grünfinken – wird als intraspezifische Aggression bezeichnet.

Oben: Drohverhalten zwischen
Männchen und Weibchen einer Art
(hier Grünfinken) bei noch nicht
abgeschlossener Paarbildung oder
beim Zusammentreffen anderweitig
verpaarter Tiere.

Unten: Gleiches Verhalten auch
bei einem Buchfinkenpärchen
(rechts Weibchen).

Oben: Ein Haussperlingsweibchen vertreibt einen Nebenbuhler durch direkte kämpferische Auseinandersetzung.

Unten: Das Bergfinkenmännchen zeigt ein typisches Drohverhalten: Es duckt sich, streckt gleichzeitig den Körper und reißt den Schnabel auf.

Das Grünfinkenpärchen demonstriert
die vollzogene Paarbindung
durch gegenseitige Futterübergabe.
Vor der Futterübergabe bettelt das
Weibchen häufig, indem es die
abgewinkelten Flügel ausstreckt
und mit den Flügeln zittert.

# Fortpflanzung

Das Sexualverhalten der Vögel umfasst Revierbildung, Paarfindung und Paarbindung, Balzverhalten, Paarung, Nistplatzwahl und Nestbau, Eiablage, Brutdauer, Bewachung des Nestes sowie die Versorgung der Jungen.

Am intensivsten kann das Fortpflanzungsgeschehen beobachtet werden, wenn der Futterplatz sich auf einem mit Büschen und Bäumen bewachsenen Grundstück befindet. Hier ist die Artenzahl größer. Zudem finden die Vögel ausreichend Sitzwarten und sogar Nistplätze.

Der Futterplatz auf einem Balkon im städtischen, besser noch im ländlichen Bereich ermöglicht es hingegen, die intensive Balz der Haussperlinge und Stadttauben zu beobachten. Haussperlinge brüten zum Teil in Kolonien und paaren sich in der Hochbalz häufig in kurzen Abständen, bis zu 15 bis 20 Mal, der Durchschnitt liegt bei acht Kopulationen pro Stunde. Buchfinkenmännchen hingegen reagieren nach erfolgter Paarung über eine Stunde lang nicht auf ein begattungsbereites Weibchen. Die Dauer der Begattung liegt bei kleinen Singvögeln im Sekundenbereich, meist unterhalb von zehn Sekunden. Ringeltauben kopulieren ebenfalls in etwa zwei bis drei Sekunden.

## Familiengründung am Futterplatz

Am ganzjährig betriebenen Futterplatz können viele Details des Fortpflanzungsgeschehens, das sich bei jeder Vogelart etwas anders zeigt, beobachtet werden. Ein Revier ist für die meisten Vogelarten die Voraussetzung für eine erfolgreiche Brut. Sie werden daher auch Territorialvögel genannt.

Mitten im Winter werden von den Territorialvögeln schon Reviere gebildet und mit länger und heller werdenden Tagen sowie den ersten warmen Sonnenstrahlen durch Gesang markiert und auch verteidigt. Eindrucksvoll ist dies beim Rotkehlchen zu beobachten. Auch die Kohlmeise legt ihr Revier im Winter fest. Durch Gesang und Flügelschlagen ruft der Star nach einem Weibchen. Zunehmend sieht man Paare am Futterplatz. Grünfinken schnäbeln sich oder übergeben Futter. Amseln bewerben die Weibchen und bekämpfen die anderen Männchen. Girlitze kommen nach ihrer Rückkehr aus dem Süden in der Regel paarweise zum Futterplatz.

Oben: Rotkehlchen singen zur
Festigung ihres Reviers fast das
ganze Jahr, wobei die Intensität in
den Jahreszeiten sehr unterschiedlich ist.

Unten: Auch weibliche Stare singen,
aber nicht so intensiv. Der Gesang
der Männchen dient hauptsächlich
der Markierung des Reviers, der
Anlockung der Weibchen und der
sexuellen Stimulation.

Oben: Kohlmeisen polstern ihre Nestmulde vorzugsweise mit Tierhaaren aus, Blaumeisen bevorzugen Federn.

Unten links: Ein Amselweibchen nimmt Schlamm mit Blattteilen zum Auskleiden der Nestmulde.

Unten rechts: Goldammern (hier ein Männchen) füttern ihre Jungen ausschließlich mit Insekten.

Wenn die Zeit des Nestbaus gekommen ist, beginnen die Vögel, mit dem Schnabel Nestbaumaterial aufzunehmen. Kleinvögel können innerhalb zweier Tage ihr Nest fertigstellen. Haben die Geschlechtsorgane ihre funktionsfähige Größe erreicht, kommt es zur Paarung, alsbald beginnen die Weibchen mit der Eiablage und brüten oft vom ersten Ei an. Die Eier werden entweder vom Weibchen alleine, wie etwa bei Rotschwänzen, oder wie bei Sperlingen oder Staren in regelmäßiger Brutablösung bebrütet. Während der Brutzeit «fehlt» somit die Hälfte der Individuen im Beobachtungsbezirk.

Sobald die Jungen, die bei kleinen Arten bereits nach zwölf Tagen schlüpfen können, versorgt werden müssen, steigt die Zahl der Vögel wieder. Dabei ist auch ein sprunghaft erhöhter Futtermittelbedarf zu verzeichnen. Fütternde Eltern kommen praktisch im Minutentakt zur Futterstelle. Sehr deutlich zeigt das der Buntspecht. In der Regel besucht nur ein Brutpaar den Futterplatz. Von Meisen, Sperlingen oder Grünfinken können sich mehrere Brutpaare regelmäßig einfinden.

Nach zwei Wochen fliegen bei den meisten Arten die ersten Jungvögel aus und die Zahl der Futterplatzbesucher steigt erneut abrupt an. Eine Kohlmeise wiegt nach dem Schlüpfen 1,3 Gramm, nach 15 Tagen ist sie voll befiedert und ihre Körpermasse beträgt 15 Gramm.

Manche Vogelarten, wie Amseln, Sperlinge, Meisen oder Goldammern, brüten mehrmals jährlich. Tauben können fast das ganze Jahr über brüten, andere Vogelarten, wie Star und Kernbeißer, nur einmal pro Jahr.

Kurz vor dem Ausfliegen der Jungen fliegt ein Blaumeisenpärchen täglich bis zu 1000 Mal mit Futter die Nisthöhle an.

## Unfruchtbare Zeiten

Vom Sommer bis zum Vorfrühling ist bei den meisten Vogelarten eine Ruheperiode im Fortpflanzungsgeschehen festzustellen. Die Hoden und Eierstöcke sind im Herbst und Winter am kleinsten, dadurch sind diese Arten in dieser Zeitspanne unfruchtbar. Bei Singvögeln kann der Hoden um das Mehrhundertfache des Gewichtes, zum Beispiel das 300-Fache beim Buchfink, und beim Star im Frühling um über das Tausendfache des Volumens zunehmen. Diese Entwicklung hängt von den jahreszeitlichen Veränderungen, der Erhöhung der Lichtintensität und den je nach Vogelart unterschiedlichen hormonellen Veränderungen ab. Bereits während der Brut beginnt bei einigen Arten, wie etwa bei Star und Kernbeißer, die Rückbildung der Geschlechtsorgane. Bei anderen setzt die Rückbildung erst später ein, sodass diese Arten, beispielsweise Sperlinge, Grünfinken, Amseln oder Singdrosseln, zwei oder drei Bruten hintereinander aufziehen können. Andere Vogelarten, wie Tauben oder der allbekannte Wellensittich, können, wenn die Nahrungsbedingungen es zulassen, ganzjährig brüten und Junge aufziehen. Ihre Keimdrüsen bilden sich nicht oder nicht wesentlich zurück. Sie werden deshalb als opportunistische Brutvögel bezeichnet.

Von links: Die Schnabelverfärbung beim Kernbeißer im Jahresverlauf ist hormonell gesteuert. Bis Anfang Februar ist die Schnabelfarbe fleischfarben, im Februar beginnt die Blaufärbung, im April ist der Schnabel vollständig blau, im Mai beginnt er sich bereits wieder zu entfärben.

Bei den nur einmal jährlich brütenden Staren und Kernbeißern stellt der Schnabel ein sekundäres Geschlechtsmerkmal dar. Er dient nicht direkt der Fortpflanzung, steigert aber die Attraktivität beziehungsweise die Überlegenheit gegenüber dem anderen oder dem eigenen Geschlecht. Bei beiden Geschlechtern verfärbt sich der Schnabel entsprechend der Entwicklung der Keimdrüsen: beim Star von Schwarz zu Gelb und beim Kernbeißer von Fleischfarben zu Blau. Beide Vogelarten sind nur fruchtbar, wenn der Schnabel gelb beziehungsweise blau ist. Bereits während der Brut beginnt die Rückbildung der Keimdrüsen und damit die Schnabelverfärbung in umgekehrter Reihenfolge.

Von links: Die Schnabelverfärbung beim Star: Ende Februar beginnt die Umfärbung, Ende März/Anfang April ist sie abgeschlossen.

Rechte Seite: Ein Feldsperling füttert seine Jungen mit Körnernahrung aus dem Kropf.

### Betteln und Versorgen

Für viele Betrachter ist die Aufzuchtphase am Futterplatz am interessantesten. Die Jungvögel zeigen sich meist mit ihren Eltern am Futterplatz. Sie betteln sie an und werden häufig mit dargebotenem Futter von ihren Eltern gefüttert. Dabei wird immer der Schnabel der Eltern vom Schnabel der Jungen umschlossen, damit kein Futter verloren geht. Bei Tauben füttern beide Geschlechter ihre Jungen die ersten 14 Tage im Nest mit einer weißen, käsigen Masse, die als Kropfmilch bezeichnet wird. Diese wird im Kropf produziert und dann erbrochen. Erst später bekommen die Jungtauben aus dem Kropf Körnernahrung und Pflanzenteile.

Das Betteln der Jungen nach Futter, das emsige Aufnehmen des Futters durch die Eltern und das Übergeben des Futters ist in dieser konzentrierten Form nur an einem ganzjährig betriebenen Futterplatz zu erleben. Wer Nistkästen in seinem Blickfeld aufhängt oder andere Nistmöglichkeiten anbietet, kann das Fortpflanzungsgeschehen noch besser beobachten.

Oben: Ein Haussperlingsmännchen
übergibt seinem Jungen ein Insekt.

Unten: Ein Stieglitz füttert Körner
aus dem Kropf.

Oben: Der Star füttert
Fetthaferflocken.

Unten: Die jungen Stare erhalten
Teile eines Fettkuchens.

Ein Amselmännchen deckt seinen
Flüssigkeitsbedarf mit kleinen
Eisstücken.

# Trink- und Badeplätze

Vögel benötigen wie wir Menschen für alle Lebensabläufe Wasser. Viele Arten können Wasser weniger lange entbehren als Futter. Abhängig ist dies von der Jahreszeit und von Leistungen, die dem Vogel abgefordert werden. Im Winter ist der Wasserbedarf geringer als im Sommer, bei der Jungenaufzucht und bei intensiven Flugleistungen ist er höher als in Ruhephasen.

### Wasser ist wichtig!

Je nach Art der bevorzugten Nahrung haben Vögel einen unterschiedlichen Wasserbedarf. Frucht- und fleischfressende Vogelarten können zum großen Teil ihren Wasserbedarf aus dem Wassergehalt ihrer Nahrung decken. Körnerfressende Singvögel sind unbedingt auf Trinkwasser angewiesen.

Auch das Badebedürfnis ist je nach Vogelart und Jahreszeit verschieden, wobei frei lebende Vögel sehr häufig auch im Winter ausgiebig baden und jede eisfreie Pfütze nutzen. Sogar bei Dauerregen nehmen Vögel gern ein Vollbad.

Zur Deckung des Flüssigkeitsbedarfes nutzen Vögel morgens häufig Tautropfen, bei Frost Eiskristalle oder Schnee sowie Wasser aus allen zur Verfügung stehenden Wasserstellen. Die täglich aufgenommene Wassermenge eines Kleinvogels beträgt 15 bis 50 Prozent seines Körpergewichtes. Eine Ringeltaube benötigt etwa fünfzig Milliliter Wasser pro Tag.

Wasser wird vom Vogel über Darm und Niere, aber auch über Lunge und das Ei ausgeschieden. Da Fruchtfresser viel Flüssigkeit mit der Nahrung aufnehmen, setzen sie sehr feuchten Kot und viel flüssigen Harn ab. Vögel, die ursprünglich aus Wüsten- oder Steppengebieten stammen, wie Ammern und Lerchen, müssen mit Wasser haushalten und setzen festen Kot ab, der von weißem, festem Harn umgeben ist. Kot und Urin werden bei Vögeln über die Kloake (gemeinsamer Ausgang für Darm, Harnblase und Geschlechtsorgane) stets gemeinsam abgesetzt.

Da Vögel keine Schweißdrüsen besitzen, müssen sie durch Hecheln ihre Körpertemperatur regulieren. Beim Hecheln verdunstet Wasser über die Atemwege, der Körper kühlt dabei ab. Die Atemfrequenz kleiner Vögel beträgt bei einer Lufttemperatur von zwanzig Grad Celsius fünfzig bis hundert Atemzüge pro Minute, bei höheren Temperaturen bis zu 300 Atemzüge pro Minute. Zum Vergleich: Ein erwachsener Mensch atmet 16 bis 20 Mal pro Minute.

In der warmen Jahreszeit wird die Wasserstelle öfter angeflogen. Der Wasserbedarf kann bei sehr hohen Lufttemperaturen um das Dreifache ansteigen. So nimmt ein Stieglitz bei einer Lufttemperatur von 35 Grad Celsius durchschnittlich 13,7 Milliliter Wasser am Tag auf, bei zwanzig Grad Celsius aber nur 8,6 Milliliter, in der kalten Jahreszeit ist es noch weniger.

Links: Ein Bergfinkenmännchen an der Wasserstelle.

Rechts: Ein hechelnder Star. Beim Hecheln ist der Schnabel weit geöffnet, die Flügel sind abgespreizt und die Atemfrequenz ist erhöht.

## Futter-Wasser-Kombination

An einem **ganzjährig** betriebenen Vogelfutterplatz mit integrierter Trink- und Bademöglichkeit eröffnen sich interessante Beobachtungen. Besonders gut eignet sich dazu ein kleiner Teich. Die verschiedenen Vogelarten erscheinen unterschiedlich häufig am Wasser, um zu trinken. Manches ausgiebige Mahl an der Futterstelle wird mit einem Besuch am Wasser abgeschlossen. Grünfinken und Sperlinge zeigen uns diese Verhaltensweise oft.

Das unterschiedliche Trinkverhalten einzelner Arten lässt sich besonders gut studieren. Die meisten Vogelarten schöpfen das Wasser mit dem Schnabel, heben den Kopf an, und das Wasser gelangt über den Kropf oder Schlund und die Speiseröhre in den Magen, wobei nicht alle Vogelarten einen Kropf haben.

Eine ganz andere Trinktechnik haben Tauben. Sie saugen das Wasser mit nach unten gehaltenem Kopf auf. Diese Art der Wasseraufnahme kommt nur bei Tauben, Pirolen, Flughühnern, Sturmtauchern und einigen australischen Prachtfinken vor.

Eine weitere Form der Wasseraufnahme kann bei Papageien, die als Neozoen (siehe Seite 127 ff.) in großer Zahl im Rhein-Main-Gebiet leben, beobachtet werden. Dank ihrer muskulösen und beweglichen Zunge können Papageienvögel das Wasser schlecken.

Ein Grünfink nach einem Hagebuttenmahl am Trinkplatz.

Ein geeigneter Trink- und Badeplatz sollte von den Vögeln gut überblickt werden können, damit sie vor Katzen und anderen Beutegreifern rechtzeitig fliehen können.

Auch im Winter haben Vögel Durst. Wasserschalen sollten täglich mit Wasser flach befüllt werden. Bei Frost leisten Eisfreihalter für kleine Teiche gute Dienste. In Fachgeschäften sind aquarienheizerähnliche Heizstäbe erhältlich, die durch einen Styroporkörper auf der Wasseroberfläche gehalten werden. Bei starkem Frost, wenn kein Schnee liegt, reicht man den Vögeln statt Wasser kleine Eisstückchen.

## Das Vogelbad

Vögel baden auf unterschiedlichste Art und Weise; manche Vogelarten baden häufiger als andere. Manchmal kommen ganze Trupps und veranstalten wahre Badeorgien. Vögel lassen sich durch breit gestelltes Gefieder und Öffnen der Flügel zur Regeneinfallsrichtung hin aktiv beregnen und führen dabei Badebewegungen aus.

Lerchen und weitere Bodenvögel wie Rebhuhn und Fasan baden nicht im Wasser, sondern nehmen zeitlebens ausgiebige Staub- oder Sandbäder. Sperlinge und Zaunkönige, die nicht zu den Bodenvögeln gehören, baden sowohl im Sand als auch im Wasser. Um dieses interessante Verhalten beobachten zu können, sollte man an bestimmten, gut einsehbaren Stellen losen, feinkörnigen Sand oder lockere, feine Erde bereithalten. Sehr gern werden aufgelockerte, abgetrocknete Rabatten oder Beete zum Sandbaden genutzt, dazu scharren sich die Vögel eine kleine Mulde. Diese Mulden werden in der Fachsprache als Huderkuhlen oder Huderpfannen bezeichnet. Sandbaden gehört wie auch das Wasser- und das Sonnenbaden zum Komfortverhalten und dient der Körperpflege, insbesondere der Pflege des Gefieders und der Haut. Die Bewegungen, die beim Sandbaden ausgeführt werden, sind denjenigen beim Wasserbaden sehr ähnlich. Die Vögel legen sich ganz dicht auf den Boden und bewegen ihren Körper schnell hin und her, schlagen mit den Flügeln ein- oder beidseitig und wirbeln dadurch den feinen Sand oder Staub hoch und zwischen das Gefieder. Ein kräftiges Schütteln beschließt die Prozedur.

Linke Seite, oben: Eine Schwanzmeise spiegelt sich im Wasser.

Linke Seite unten: Die Ringeltaube saugt Wasser in den Kropf.

Oben links: Kohlmeisen baden meist allein ….

Oben rechts: …. Haussperlinge dagegen oft in Gemeinschaft.

Unten links: Stare schließen sich im Sommer zu Schwärmen zusammen und baden dann auch gemeinsam.

Unten rechts: Ein Haussperlingsmännchen beim Sandbad.

Rechte Seite: Eine Nachtigall nimmt ein Sonnenbad. Das dabei aufgestellte Rückengefieder entblößt die Bürzeldrüse.

### Sonnenbaden

Neben dem Baden in Wasser, Regen oder Sand/Staub gehört auch das Sonnenbaden zum Komfortverhalten der Vögel. Ein Sonnenbad wird vermutlich von allen
Vogelarten genommen. Es dient hauptsächlich der Wärmeaufnahme und der Erhöhung des Wohlbefindens. Der Futterplatzbetreiber hat jedoch keine Möglichkeit,
Vögel zum Sonnenbaden zu animieren. Die Vögel nehmen meist ganz spontan,
reflexartig eine besondere Körperhaltung ein, sobald ein adäquater Reiz zum Sonnenbaden auftritt. Die Dauer eines Sonnenbades ist je nach Vogelart verschieden,
es kann nur Sekunden oder auch einige Minuten dauern. Größere Vogelarten son-
nen sich länger als kleinere Arten. Oftmals folgt das Sonnenbad auf ein Wasser-
oder Sandbad. Merkwürdigerweise nehmen Vögel oft bei großer Hitze ein Sonnenbad.

Oben: Haus- und Feldsperlinge am Mineralstein.

Rechte Seite: In der Dunkelheit besiedeln Kellerasseln die Mineralsteine.

# Mineralstoffe und Spurenelemente

Vogelzüchter wissen um die Bedeutung von zerstoßenem Mauerputz oder Hühnereierschalen zur Mineralstoffversorgung ihrer Pfleglinge. Zusätzlich verabreichen sie häufig ein hochwertiges Mineralstoffgemisch oder einen Mineralstein.

Viele Vogelfreunde haben beobachten können, dass sich frei lebende Vögel vor allem im Frühjahr besonders an älteren Hausfassaden aufhalten und am Putz picken. Häufig kann man dabei Sperlinge und Tauben sehen. Sie nehmen dadurch die dringend benötigten Mineralstoffe und Spurenelemente sowie den Grit, die sogenannten Magensteinchen, auf. Besonders wichtig ist gerade in der Brutvorbereitung und der Jungenaufzucht das Kalzium. So haben legende Weibchen einen zehnmal höheren Kalziumblutspiegel als nicht legende Vögel. In die Schale eines ungelegten Eies werden zehn Prozent des Kalziumbestandes des Weibchens eingelagert. Dieser Verlust muss umgehend durch eine erhöhte Kalziumaufnahme ausgeglichen werden, damit die Kalziumvorräte in den Knochen nicht zu stark beansprucht werden.

Man kann den Wildvögeln auch in dieser wichtigen Lebensphase helfen und ihnen Mineralsteine im Bereich der Futterstellen anbieten.

Auch außerhalb der Fortpflanzungszeit benötigen besonders Körnerfresser zusätzliches Kalzium, da ihre Körnernahrung einen geringen Kalziumgehalt aufweist und den Bedarf nicht abdeckt. Durch das Schälen und Entspelzen der Sämereien nimmt der Kalziumgehalt der Nahrung noch weiter ab. Die häufigsten Besucher der Mineralsteine waren an meiner Futterstelle Haus- und Feldsperlinge. Ab März war eine erhöhte Aufnahme von Mineralien festzustellen.

An Straßenrändern können besonders im Winter, wenn Salz gestreut wird, Finkenvögel bei der Aufnahme von Kochsalz beobachtet werden. Dieser Beobachtung folgend, habe ich neben den Mineralsteinen auch Salzlecksteine für Vieh angeboten. Auch hier waren die Sperlinge die Konsumenten. Bei körnerfressenden Landvögeln wird im Gegensatz zu den Frucht- und Fleischfressern der Kochsalzbedarf durch die Nahrungsaufnahme nicht voll gedeckt.

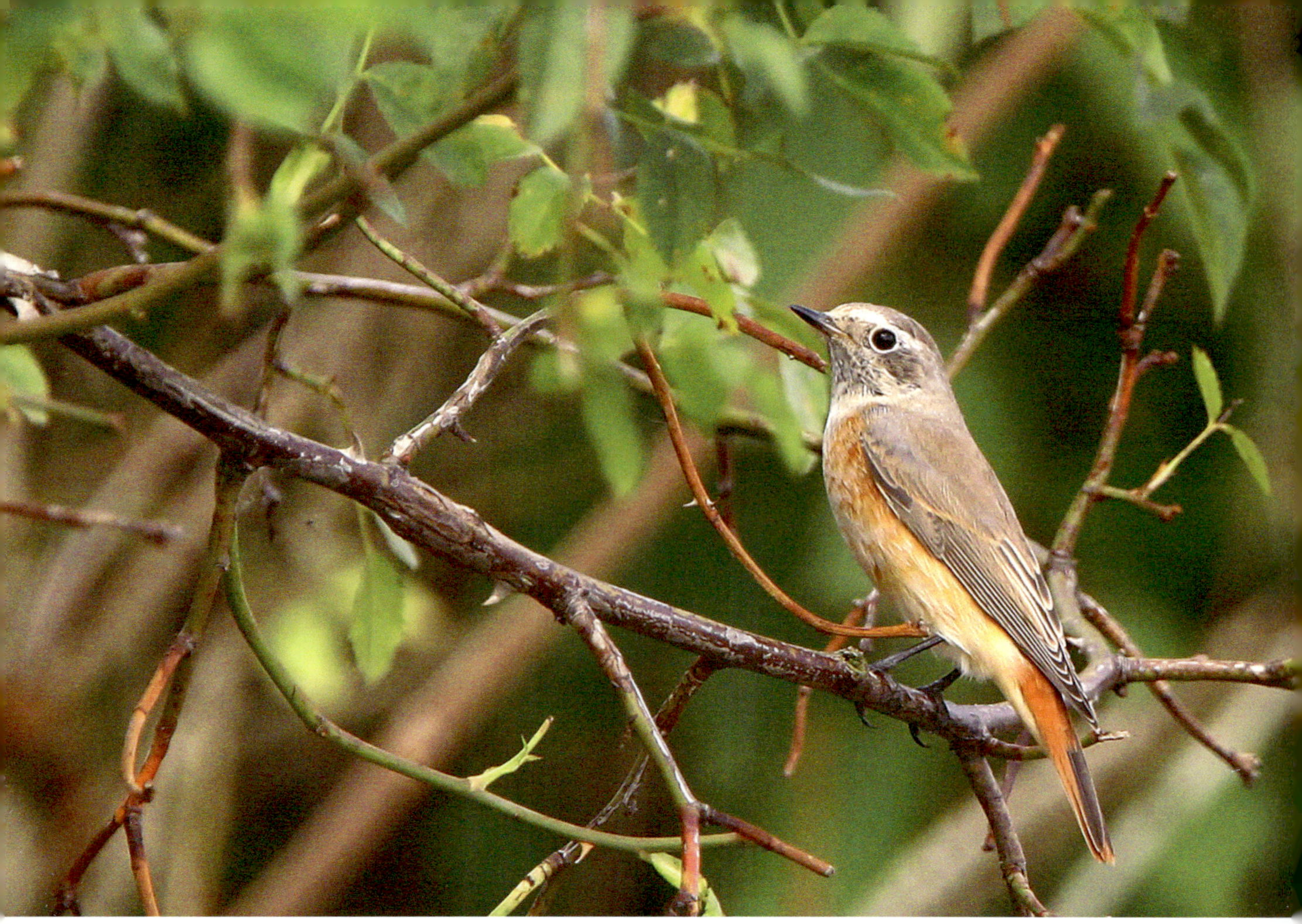

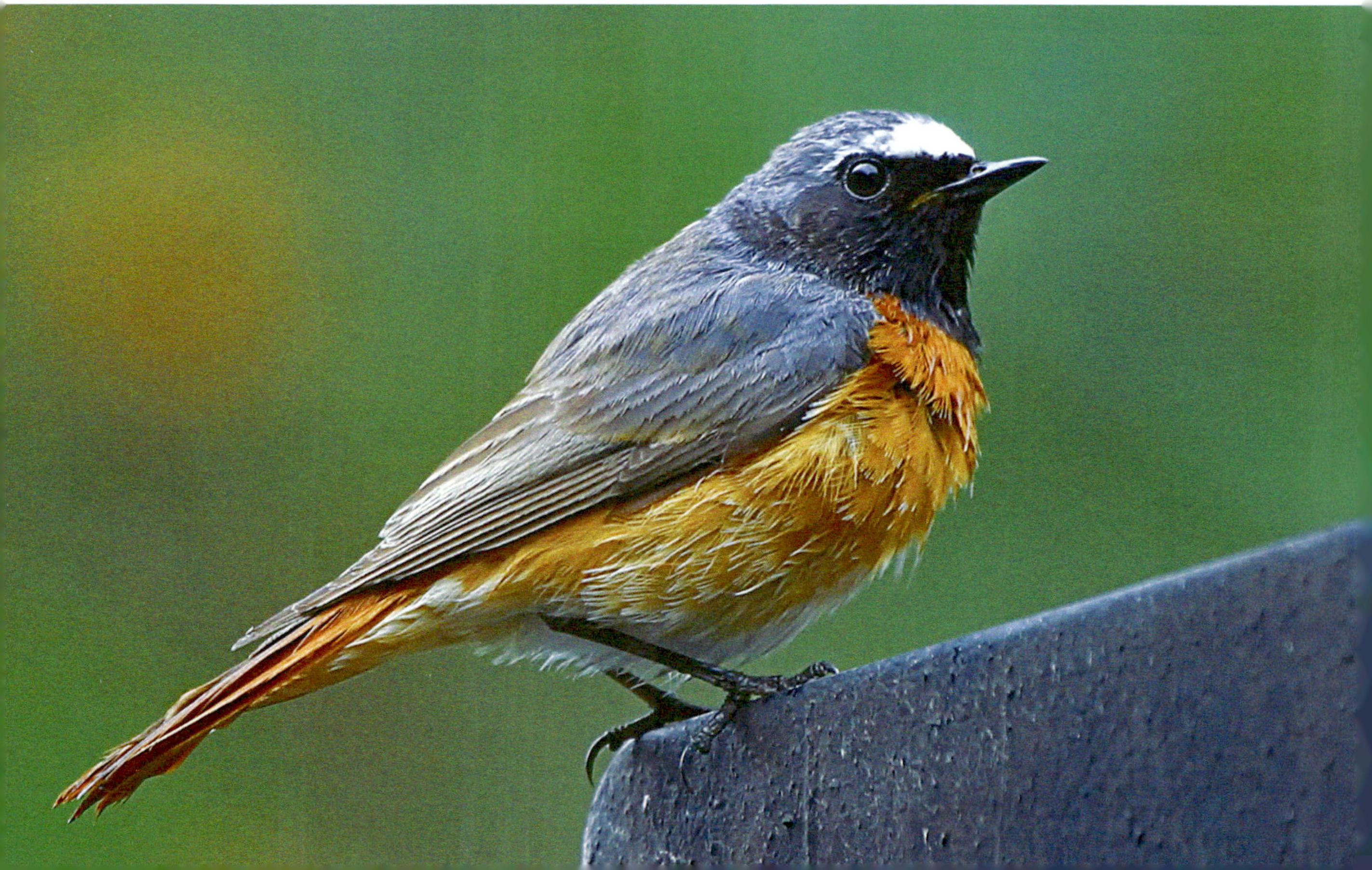

# Federkleid im Wandel

Das Erscheinungsbild der Vögel wird hauptsächlich durch die sie bedeckenden Konturfedern bestimmt, zu denen das Kleingefieder (Deckfedern) und das Großgefieder (Flügel- und Schwanzfedern) gehören. Die Zahl der Konturfedern schwankt je nach Vogelart von tausend beim Kolibri und 25 000 beim Schwan, wobei sich etwa achtzig Prozent dieser Federn am langen Hals befinden. Beim Wellensittich sind es über 2000, bei Singvögeln zwischen 2000 und 4000 Konturfedern. Unterhalb und zwischen den Konturfedern befinden sich Dunenfedern, die ein lufthaltiges, wärmeisolierendes Polster bilden.

## Kompliziertes Hautgebilde

Die Vogelfeder gehört zu den kompliziertesten Hautgebilden im Tierreich. Sie besteht wie unsere Fingernägel aus Keratin und ist vollständig entwickelt ein totes Konstrukt. Das Federkleid dient der Wärmeisolation, genauer der Sicherung der relativ hohen Körpertemperatur von über vierzig Grad Celsius. Außerdem schützt es vor mechanischen Einwirkungen und Witterungseinflüssen. Es dient der Fortbewegung, insbesondere durch die Schwungfedern der Flügel und die Steuerfedern des Schwanzes. Zudem verleiht das Federkleid das typische Aussehen, an dem sich die Artgenossen erkennen, bei vielen Arten dient es auch der Geschlechterkennung.

Das Gefieder unterliegt einem hohen Verschleiß durch mechanische Einwirkungen, Parasiten und Sonnenlicht. Es bedarf nicht nur einer intensiven Pflege, sondern muss von Zeit zu Zeit komplett erneuert werden. Dieser Vorgang wird als Mauser bezeichnet und findet bei den meisten Arten jährlich nach der Brutzeit im August und September statt. Nur einige Großvögel, wie Kraniche, manche Greifvögel oder auch Schleiereulen, wechseln die Schwungfedern nur alle zwei Jahre.

Linke Seite, oben: Ein Gartenrotschwanzmännchen im Ruhe- oder Schlichtkleid.

Linke Seite unten: Ein Gartenrotschwanzmännchen im Brutkleid.

Die Mauser wird vor allem durch eine vermehrte Hormonausschüttung der Hirn-anhangsdrüse und der Schilddrüse ausgelöst. Ruhe- und Prachtkleider unterlie-gen der Einwirkung der Keimdrüsenhormone. Sexualhormone unterdrücken die Mauser. Außerdem wird die Mauser vom jährlichen Lichtrhythmus gesteuert.

### Federwechsel beobachten

Futterplatzbetreiber, die selbst keine Vögel halten, können bei einer Ganzjahres-fütterung den Wechsel des Gefieders verfolgen. Bei reiner Winterfütterung würden sie dieses Naturereignis nicht erleben können. Wer den Mauserprozess verfolgen will, muss regelmäßig seinen Futterplatz beobachten, da die Federn bei Klein-vögeln täglich etwa vier bis fünf Millimeter wachsen, sodass sie nach ungefähr 12 bis 18 Tagen wieder vollständig nachgewachsen sind. Bei einem großen Vogel wie dem Storch wächst eine Feder täglich sieben Millimeter und benötigt fünfzig Tage, bis sie ausgewachsen ist. Während der Mauser steigt der Energiebedarf der Vögel bis um 15 Prozent.

Kleinvögel wechseln aber nicht alle Flügelfedern gleichzeitig, um stets flugfä-hig zu bleiben, da sie ständig fluchtbereit sein müssen. Die gesamte Mauser dehnt sich deshalb über einen Zeitraum von etwa zwei Monaten aus, so zum Beispiel bei Amsel, Buch- und Grünfink. Größere Arten wie Kolkrabe oder Ringeltaube mausern bis zu sechs Monate. Sie beginnen bereits im Mai mit dem Mauserprozess.

Wasservögel wie Enten und Taucher verlieren alle Schwungfedern gleichzeitig und sind dann je nach Größe des Vogels drei bis sechs Wochen flugunfähig. Man nennt das Simultanmauser.

Oben links: Kolkrabe mit gefülltem Kehlsack und Futter im Schnabel.

Oben rechts: Kohlmeise in der Mauser. Die Kopffedern sind noch von der Federscheide umschlossen.

Oben: Vorher – ein Kleiber in der Mauser …

Unten: Nachher – der Kleiber nach der Mauser.

## Vielfalt der Kleider

Im Jahresverlauf kann der Naturinteressierte zusätzlich eine Vielzahl von Veränderungen am Gefieder feststellen. Jungvögel, die gerade die Nisthöhle oder das
Nest verlassen haben, tragen ein Jugendkleid. Dieses ist in der Regel immer
schlicht und stumpf gefärbt und ähnelt häufig dem Federkleid des Weibchens. Das
Jugendkleid wechselt fast unmittelbar in das Alterskleid, sodass die Umfärbung
im Herbst meist schon abgeschlossen ist, vor allem bei den Arten, die bereits im
ersten Lebensjahr geschlechtsreif werden, wie Rotkehlchen, Meisen oder Finken.
Dies geschieht in vielen Fällen durch eine Teilmauser. Dabei werden nur die Kör-
perfedern gewechselt und nicht die Schwung- und Schwanzfedern.

Eine Teilmauser machen auch all jene Vogelarten durch, die im Herbst und
Winter ein Schlichtkleid, im Frühling und Sommer jedoch ein Prachtkleid anlegen.
Ein Wechsel zwischen Schlicht- und Prachtkleid findet nur bei etwa einem Viertel
unserer Vogelarten statt. Alle anderen Arten tragen ein Jahreskleid.

Ein Kernbeißer im Jugendkleid.

Dabei gibt es Arten, bei denen Männchen und Weibchen gleich aussehen, und andere, bei denen die Geschlechter ein unterschiedliches Aussehen haben, wie Grünfink, Erlenzeisig, Kernbeißer. In letzterem Fall spricht man vom Geschlechtsdimorphismus. Die Mauser erfolgt bei beiden Geschlechtern, aber bei den meisten Arten tragen nur die Männchen ein auffallendes Prachtkleid. Die Weibchen, die auch während der Brutzeit unentdeckt bleiben sollen, haben eine schlichtere Tarnfärbung.

Bei vielen Arten bleibt das Alterskleid zeitlebens in seinem Aussehen unverändert. Andere Arten zeigen einen steten periodischen Wechsel zwischen einem prächtigeren Brutkleid und einem schlichteren Ruhekleid, wie wir es etwa bei Bergfink, Bluthänfling sowie bei Haus- und Gartenrotschwanz beobachten können.

Oben: Das Kernbeißermännchen zeigt sich im Brutkleid und mit fortgeschrittener Blaufärbung des Schnabels.

Unten: Ein Kernbeißerweibchen im Brutkleid mit der Schnabelverfärbung im gleichen Stadium wie beim Männchen. Beide Aufnahmen wurden im März gemacht.

Oben links: Stieglitz im Jugendkleid.

Oben rechts: Stieglitz im Brutkleid.

Unten links: Rotkehlchen im Jugendkleid.

Unten rechts: Rotkehlchen in der Jugendmauser.

## Neues Kleid durch Abnutzung

Bei Bluthänfling, Buchfink, Bergfink, Star, Gartenrotschwanz, Birkenzeisig, Erlen-zeisig, Goldammer, Rohrammer, Haussperling und weiteren Arten können Farb-veränderungen des Gefieders auch ohne Federwechsel wahrgenommen werden. So verdecken nach der Jahresmauser im Herbst graue äußere Federsäume die bunten Farben des Federfahneninneren.

Durch ständige Abnutzung der Federsäume werden im Frühjahr die roten Brustfarben beim Bluthänfling zunehmend deutlicher und intensiver. Auch beim Haussperlingsmännchen wird im Frühjahr der schwarze Brustlatz durch Abnut-zung der grauen Federsäume sichtbar. In ähnlicher Weise verschwinden beim Star bis zur Mauser die weißen Punkte allein durch Verschleiß der weißen Federspitzen. Aufgrund der weißen Punkte wird der Star im Winterkleid auch als Perlstar bezeichnet. Anders als bei den meisten Vogelarten tragen Starmännchen und Star-weibchen ein gleich gefärbtes Brutkleid.

Links: Ein Bergfinkenmännchen im Brutkleid, die grauen Federsäume sind noch zahlreich vorhanden.

Rechts: Ein großer Teil der grauen Federsäume ist hier bereits abgenutzt.

### Schwärzlinge und Weißlinge

Des Weiteren können Farbabnormitäten wie Schwärzlinge oder Weißlinge beob-achtet werden. Am häufigsten treten jedoch Vögel mit einzelnen weißen Federn auf, dies wird als Teilalbinismus bezeichnet. Farbunterschiede im Gefieder von Vögeln gleicher Art haben ihre Ursache in der Ernährung. Intensiv gelb gefärbte Kohlmeisenmännchen hatten während ihres Federwachstums Zugang zu ausrei-chend Karotin. Blasseren Exemplaren fehlte dies während der Federentwicklung oder sie sind massiv mit Parasiten befallen.

Vögel brauchen täglich viel Zeit für die Gefiederpflege, die auch im Bereich des Futterplatzes beobachtet werden kann. Tiere, die sich sicher fühlen, beschäftigen sich intensiv mit dem Putzen der Federn.

Ein Haussperlingsmännchen
mit partieller Weißfärbung am Kopf
und im Halsbereich.

Partielle Weißfärbung am Kopf
und im Halsbereich bei einem
Amselhahn.

Der Admiral zählt zu den Wander-
faltern und ist bei uns von Mai bis
Oktober häufig anzutreffen.

# Biologische Vielfalt

Der Vogelfutterplatz, egal wo er eingerichtet worden ist, ist in ein komplexes Ökosystem eingebunden. Die ihn umgebende belebte und unbelebte Umwelt ist verschieden und dadurch, dass jede Art ihre ökologische Nische hat, ist die Vielfalt der in ihr lebenden Tier- und Pflanzenarten unterschiedlich groß. Großstadt-, Waldrand-, Wiesen- oder Wohnsiedlungsökosysteme unterscheiden sich stark in ihrer biologischen Vielfalt, sind aber wiederum immer in größere Systeme eingebunden. Letztendlich sind sie Teil der Vielfalt des Lebens auf der Erde, die unter dem Begriff Biodiversität zusammengefasst wird.

## Mitesser und Profiteure

Am Beispiel eines Wohnsiedlungsökosystems werden die vielfältigen biologischen Zusammenhänge aufgezeigt, die durch die Einrichtung und Betreibung eines Vogelfutterplatzes entstehen. In der Umgebung der Futterstellen verstreuen und hinterlassen die Vögel Futter, Futterspelzen, aber auch Kot und Federn. Unmittelbar nachdem diese den Erdboden berührt haben, beginnt ihre biologische Aufbereitung durch Pilze, Kleinstlebewesen, Würmer oder Käfer und deren Entwicklungsstadien (Ei, Larve, Puppe). Die Konzentration dieser Entsorger und die Futterabfälle ziehen andere, zumeist größere Tiere an. Dadurch finden Kröten und Grasfrösche, aber auch Nager wie verschiedene Mäusearten oder Ratten, Igel, Marder, Eulen und in offenen Siedlungen heute immer öfter auch Füchse oder Waschbären ihre Nahrung.

Links: Die Feldmaus bewohnt offene Landschaften wie Äcker, Wiesen und Weiden.

Rechts: Futterstellen in Mischwaldnähe oder an waldnahen Hecken werden eher von der Rötelmaus aufgesucht.

Vieles geschieht nachts, sodass diese Erlebniswelt dem Beobachter verschlossen bleibt. Doch mit einer Taschenlampe ausgerüstet, kann eine Vielzahl von Lebewesen in der Umgebung der Futterstellen angetroffen werden. Beklebt man eine Taschenlampe mit roter Folie, bekommt man noch mehr zu sehen, da Tiere durch Rotlicht nicht gestört werden. In Verbindung mit einem Nachtsichtgerät ermöglicht dies einen optimalen Einblick in das Nachtleben der Tiere.

### Wasser bringt Vielfalt

Tagsüber sind auch Eichhörnchen häufige Futterstellenbesucher. Ein kleiner Teich im Garten beschert uns viele Naturerlebnisse. Die Vögel, welche die Futterstellen besuchen, kommen zur Wasseraufnahme und zum Baden. Zusätzlich statten Igel, Ringelnattern, Frösche, Kröten, Libellen, Schmetterlinge und viele andere Tiere dem Gewässer einen Besuch ab. Molche, Wasserschnecken, Wasserläufer, Gelbrandkäfer und verschiedenste Kleininsekten leben im oder am Wasser. Vervollständigt wird die biologische Vielfalt durch die Artenfülle der Flora – eine wahre Quelle der Freude und Entspannung.

Im Frühjahr bereichern die zurückgekehrten Zugvögel die Artenvielfalt des Ökosystems und erfreuen uns mit ihrer Farbenpracht und ihrem Gesang.

Links: Der dämmerungs- oder nachtaktive Igel sucht häufig die Futterstellen nach Nahrung ab. Hier verspeist er eine Maus.

Rechts: In wald- oder parknahen Futterstellen ist mit Eichhörnchen zu rechnen. Sie sind gegenüber Artgenossen am Futterhaus sehr aggressiv.

Oben links: Durch Züngeln (wiederholtes Herausstrecken und Einziehen der Zunge) nimmt die Ringelnatter Gerüche wahr.

Unten links: Die Wechselkröte ist vorwiegend nachtaktiv. Das lang anhaltende Trillern verrät ihre Anwesenheit, es ist der typische Paarungsruf des Männchens.

Oben rechts: Hufeisen-Azurjungfern besuchen auch kleinste Wasserflächen, hier zwei Pärchen bei der Eiablage.

Unten rechts: Der Gewöhnliche Wasserläufer gehört zu den ersten Gästen einer neuen Wasserfläche. Er ernährt sich vornehmlich von Insekten.

Turmfalken können Kleinvögeln zur
Gefahr werden.

# Feinde

Mit Feinden am Futterplatz ist immer zu rechnen. Sie werden Fressfeinde, Beutegreifer oder Prädatoren genannt und sind ein wichtiger Bestandteil der Erlebniswelt Vogelfutterplatz.

Vögel sind Teil des Nahrungsnetzes und werden von vielen räuberischen Tieren verfolgt. Die Fressfeinde sind an den sehr unterschiedlich gelegenen und strukturierten Futterplätzen auch unterschiedlich in Art und Häufigkeit vertreten.

### Vogeljäger mit Federn

An Futterplätzen in städtischen Lebensräumen, also auf Fensterbrettern oder Balkonen in höher gelegenen Stockwerken, wird sich eventuell ein auf Vögel spezialisierter Turmfalke zeigen und angreifen. In offenem Gelände mit kleinerem Baumbestand jagen Sperber, Wanderfalke, Stein- und Sperlingskauz als typische

Ein Rotmilan mit einem Kleinvogel in den Fängen.

Oben: Das Sperbermännchen hat einen Grünfink erbeutet.

Unten: Ein Sperberweibchen deckt die erbeutete Türkentaube mit den Flügeln ab.

Kleinvogeljäger. Hierzu gehören auch der Merlin, der nur im Winter bei uns vorkommt, und im Sommer der Baumfalke, der im Süden überwintert. Habicht, Wanderfalke und Waldkauz schlagen mittelgroße Vögel. Vereinzelt können auch Rotmilan und Mäusebussard zur Gefahr werden. Sie alle gehören zu den natürlichen Feinden der Vögel an den Futterplätzen. Je kleiner ein Vogel, desto gefährdeter ist er.

Während das kleinere Sperbermännchen maximal eine Türkentaube (zirka dreißig Zentimeter groß) schlagen kann, ist für das größere Sperberweibchen eine Ringeltaube (zirka vierzig Zentimeter groß) kaum ein Problem. Wer das Glück hat, die Jagd eines Sperbers zu beobachten, wird vom Naturschauspiel fasziniert sein. Ein Überraschungsangriff entgeht dem Beobachter in der Regel, weil er zu schnell erfolgt. Man sieht nur etwas vorbeifliegen, und schon sitzt der Greifvogel auf seiner Beute und versteckt sie durch Manteln – das Abdecken mit den Flügeln – vor Nahrungskonkurrenten.

Entweder fliegt der Sperber kurz darauf mit seiner Beute ab oder, wenn er sich sicher fühlt, er beginnt, das Fleisch in kleinen Brocken aus der Beute zu rupfen und zu reißen, oft wenn das erbeutete Tier noch lebt. Kleinere Vögel werden durch die kräftigen Fänge derart zusammengedrückt, dass sie relativ schnell ersticken.

Ein junges Sperbermännchen am
Futtertisch.

## Panikattacken

Ist die Jagd des Sperbers fehlgeschlagen, siebzig bis achtzig Prozent der Greifvogelangriffe sind Fehlstöße, und die vermeintliche Beute hat im Strauchwerk Schutz gesucht, folgt sehr häufig ein Angriff auf das Versteck. Der Sperber versetzt die im Dickicht verborgenen Vögel in Panik, indem er abwechselnd von verschiedenen Seiten anfliegt. Seine Taktik ist sehr variantenreich. Manchmal bleibt er ruhig auf einem Ast sitzen und beobachtet die Vögel in ihrem Versteck so lange, bis es ihm gelingt, einen völlig verwirrten Vogel zu greifen.

Im Winterhalbjahr können nicht selten unterschiedliche Sperber am Futterplatz auftauchen, da die Art zu den Teilziehern gehört (bei den Teilziehern zieht nur ein Teil der Individuen zum Überwintern in wärmere Gegenden). Es können ausgefärbte Vögel, Jungvögel, zum Frühjahr hin auch im Umfärben begriffene Jungvögel sowie die Größenunterschiede zwischen Sperbermännchen und -weibchen beobachtet werden. Die Flügel der Weibchen sind bis zu 15 Zentimeter länger als diejenigen der Männchen.

Im Herbst, wenn Laubbäume und Sträucher ihre Blätter abwerfen, haben Greifvögel ein leichteres Spiel. In dieser Zeit werden vorwiegend Jungvögel geschlagen.

Greifvögel zerkleinern ihre Beute, Eulen verschlingen sie ganz. Unverdauliche Nahrungsreste wie Federn, Haare und größere Knochen werden als Gewölle wieder ausgewürgt. Die Magensäure von Greifvögeln ist stärker als diejenige von Eulen und verdaut Knochen fast vollständig, deshalb enthalten Greifvogelgewölle anders als Eulengewölle keine Knochen.

Ein Sperlingskauz mit einem Gewicht von durchschnittlich 62 Gramm benötigt täglich ungefähr dreißig Gramm Nahrung, ein 150 Gramm schweres Sperbermännchen hat einen Tagesnahrungsbedarf von sechzig Gramm und ein 250 Gramm schweres Sperberweibchen von achtzig Gramm. Somit muss ein Sperber täglich zwei bis drei Kleinvögel schlagen. Zur Orientierung sind hier die Körpermassen einiger Futterplatzbesucher aufgeführt: Blaumeise 9–12 Gramm, Kohlmeise 16–21 Gramm, Haussperling 22–32 Gramm, Grünfink 25–34 Gramm, Amsel 80–100 Gramm und Türkentaube 150–225 Gramm.

### Ständige Fluchtbereitschaft

Auch Katzen sind geschickte Vogelfänger. Sie schleichen sich vorsichtig an oder liegen versteckt in Reichweite des Futterplatzes auf der Lauer, um dann blitzschnell und überraschend zuzuschlagen. Deshalb sollte ein Futterplatz so hoch aufgestellt oder aufgehängt werden, dass eine Katze ihn nicht erreichen kann. Manchmal sind Katzen auch Nutznießer, wenn etwa ein Beutegreifer sein Opfer aufgrund einer Störung aufgibt.

Katzen dürfen in unmittelbarer Nähe der Futterstellen keine Versteckmöglichkeit vorfinden.

Konrad Lorenz konnte nachweisen, dass vielen Tieren ein Feindschema ange-boren ist. Er war überzeugt, dass diejenigen die besten Überlebenschancen haben, die sich am meisten fürchten. Vögel leben in ständiger, ängstlicher Bereitschaft, und diese Angst ist in höchstem Maße überlebenswichtig. Die fortwährend akti-vierte Fluchtbereitschaft wild lebender Vögel wird als Dauerwachsamkeit bezeich-net. Ständig bewegen sie die Augen und den Kopf, damit ihnen nichts entgeht. Ohne eine für uns erkennbare Gefahr verlassen sie fluchtartig den Futterplatz, um sich scheinbar neu zu orientieren. Manchmal fliegen nur bestimmte Arten weg. Das Fluchtverhalten ist je nach Vogelart unterschiedlich ausgeprägt.

Katze mit erbeuteter Türkentaube.

Oben: Krankes Grünfinkenweibchen, erkennbar durch geringe Fluchtbe- reitschaft, aufgeplustertes Gefieder und glanzlose kleine Augen.

Rechte Seite: Schwerstkrankes Erlenzeisigmännchen.

# Krankheit und Tod

Wild lebende Vögel erkranken wie alle anderen Lebewesen auch. Sie können innerhalb weniger Tage abmagern und sterben, wenn sie über eine gewisse Zeitspanne schwierigen Witterungsbedingungen ausgesetzt sind und nicht ausreichend Nahrung finden, zum Beispiel bei Frost, wenn Bäume und Sträucher vereist sind, wenn der Boden unter einer hohen Schneedecke liegt sowie während langer Regenperioden oder bei großer Trockenheit.

### Tote Vögel sieht man selten

Der Beobachter bekommt nur selten kranke oder tote Vögel zu Gesicht, wenn von den vielen Verkehrsopfern oder anderweitig Verunglückten abgesehen wird. Die Ursache liegt darin, dass Vögel ihre Krankheit verbergen müssen, um nicht aufzufallen. Kranke und geschwächte Individuen werden sehr häufig von Artgenossen attackiert und fallen Fressfeinden zum Opfer. Tote Vögel werden von Aasfressern, wie Füchsen, Mardern oder Ratten, sowie von anderen Vögeln, wie Elstern oder aasfressenden Greifvögeln, schnell entsorgt.

Wer das Treiben am Futterplatz mithilfe eines Fernglases oder eines Spektivs verfolgt, wird hin und wieder Krankheitserscheinungen an Vögeln feststellen können. Gebrochene Gliedmaßen, Verletzungen oder Zeckenbefall werden mit bloßem Auge häufig übersehen, weil sich die betroffenen Vögel völlig normal verhalten. Kranke Vögel mit gestörtem Allgemeinbefinden zeigen fast immer die gleichen Symptome: Sie plustern sich auf, haben kleine, glanzlose Augen, und häufig stecken sie den Kopf ins Gefieder.

## Parasiten: Der Vogel als Lebensraum

Im Jahr 2009 wurden bei Grünfinken vermehrt ähnliche Symptome beobachtet. Sie fielen in großer Zahl der Trichomonadenseuche zum Opfer, einer durch Einzeller hervorgerufenen parasitären Erkrankung. Es ist bekannt, dass Grünfinken Trichomonadenträger sind, ohne wesentliche Krankheitserscheinungen zu haben. Welche Faktoren zu einem seuchenhaften Geschehen mit Todesfolgen geführt haben, konnte nicht geklärt werden.

Das Wesen des Parasitismus besteht darin, dass der Parasit Nutznießer seines Wirtes ist und diesen schädigt, ohne ihn aber zu töten, da der Tod des Wirtes meist auch den Tod des Parasiten zur Folge hätte.

Übrigens können Grünfinken neben den Trichomonaden weitere Parasiten beherbergen: Im Gefieder oder auf der Haut können Federlinge in vier Arten, Federmilben in sechs Arten, Federspulmilben, Lausfliegen, Flöhe, Vogelblutfliege, Rote und Nordische Vogelmilbe, Räudemilben, die die Fußräude verursachen, und Zecken vorkommen. Innenschmarotzer sind Trichomonaden, Kokzidien und Saugwürmer.

Ein Haussperlingsweibchen trägt eine mit Blut gefüllte Zecke im Halsbereich.

Bei dem im November 2011 in Deutschland aufgetretenen Amselsterben handelte es sich um eine Virusinfektion. Der Erreger, das Usutu-Virus, stammte ursprünglich aus Südafrika. Viele Amseln zeigten neben den oben beschriebenen Krankheitssymptomen zusätzlich eine schüttere Kopfbefiederung.

Zur Aufklärung solcher seuchenhaft verlaufenden Krankheits- oder Todesfälle werden von verschiedenen Einrichtungen, wie dem NABU, Meldungen dazu erbeten. Auch der Futterplatzbetreiber kann wertvolle Hinweise geben. Lange Krankheitsverläufe, wie wir sie von Haustieren oder Volierenvögeln kennen, gibt es in der Natur kaum. Geschwächte, kränkelnde Wildvögel finden keine ausreichende Nahrung, was den Verfall noch beschleunigt. So enden Krankheiten mit Störungen des Allgemeinbefindens bei Wildvögeln in der Regel nach sehr kurzer Zeit tödlich. Schwer kranke Vögel wird man deshalb am Futterplatz kaum über einen längeren Zeitraum beobachten können.

Ein Buntspechtweibchen (links) und ein Buchfinkenmännchen (rechts) mit Kalkbeinräude. Die Milben verursachen Juckreiz und starkes Hornwachstum, was die Beweglichkeit der Zehen und Füße einschränkt.

### Todesfalle Glasscheibe

Eine der wesentlichsten Unfalltodesursachen bei Wildvögeln ist das Fliegen gegen Glasflächen von Gebäuden. Täglich sollen in Europa etwa 240 000 Vögel an Glasflächen tödlich verunglücken.

Eine Kollision mit Glasscheiben kann auch im Bereich des Futterplatzes vorkommen. Besonders die Glasflächen von Wintergärten sowie alle großen Fenster sollten durch Gardinen oder Pflanzen als Hindernisse gekennzeichnet werden. Mit speziellen Pasten, die für das menschliche Auge nicht sichtbar sind, können Glasflächen für Vögel, die Ultraviolett-Licht sehen können, sichtbar gemacht und so entschärft werden. Auf die Scheiben geklebte Vogelsilhouetten haben keine abschreckende Wirkung.

### Die meisten sterben jung

Dass der Tod immer gegenwärtig ist, erklärt sich aus der relativ hohen Sterblichkeit und der geringen Lebenserwartung von Wildvögeln. Die Sterblichkeit bei Jungvögeln ist sehr hoch: Zum einen sind sie krankheitsanfälliger, zum anderen fallen sie aufgrund ihrer Unerfahrenheit eher Feinden oder Gefahren zum Opfer. Der erste Winter trägt häufig durch Futtermangel und Kälte zu hohen Verlusten bei. Von den flüggen Jungvögeln des Gartenrotschwanzes erleben 31 Prozent das nächste Früh-

Die Singdrossel ist gegen ein Fenster geflogen und tödlich verunglückt.

jahr und damit die Geschlechtsreife; beim Rotkehlchen sind es 23 Prozent und bei der Kohlmeise nur 13 Prozent.

Das physiologisch mögliche Höchstalter einer wild lebenden Kohlmeise beträgt acht Jahre, wird aber nur von ganz wenigen Vögeln erreicht. In menschlicher Obhut, unter optimalen Verhältnissen, wurde eine Gartengrasmücke 24 Jahre alt. Allgemein kann davon ausgegangen werden, dass die Lebenserwartung unserer Futterplatzbesucher nur ein bis zwei Jahre beträgt. Wild lebende Vögel erreichen selten ein Alter, in dem Alterserscheinungen oder der Alterstod eintreten.

Oben links: Einäugiges Amselweibchen.

Unten links: Kohlmeise mit Umfangsvermehrung am Schnabelwinkel.

Oben rechts: Erlenzeisigmännchen mit Fehlstellung eines Beines und abgestorbenem Fuß.

Unten rechts: Einbeinige Saatkrähe.

Junge Bluthänflinge.

# Ausnahmegäste, Raritäten und Neozoen

Ornithologen bezeichnen Vögel, die weit entfernt von ihrem eigentlichen Verbreitungsgebiet auftauchen, als Ausnahme- oder Irrgäste, wie zum Beispiel Zugvögel, die normalerweise auf dem amerikanischen Kontinent ziehen und plötzlich in Westeuropa beobachtet werden. Die Ursachen solcher fehlgerichteten Wanderungen werden in starken Stürmen oder auch in der Unerfahrenheit von Jungvögeln gesehen.

Mit solchen Ausnahmegästen wird der Futterplatzbeobachter nicht oder nur höchst selten konfrontiert werden. Er wird aber alle Vogelarten, die er bislang noch nicht an seinem Futterplatz gesehen hat, als Ausnahmen oder Raritäten registrieren, besonders Vögel, die sonst in anderen Biotopen zu Hause sind.

### Seltene und ungewöhnliche Gäste

Von unerfahrenen Futterplatzbetreibern werden Jungvögel, die noch vor der Mauser stehen und das Jugendkleid tragen, häufig als fremde Vogelart angesehen. So fehlt dem jungen Rotkehlchen jegliche rote Feder. Der männliche Bluthänfling hat als Jungvogel und im Herbst ebenfalls noch keine roten Federn, er kann dann leicht mit dem Berghänfling verwechselt werden.

Die nordischen Birkenzeisige sind immer eine Attraktion am Futterplatz. Beim Männchen ist das Brustgefieder rötlich überflogen.

Der Forscherdrang wird geweckt, wenn unbekannte Vögel gesichtet werden. Es werden in der Regel Nachforschungen angestellt, um herauszufinden, welche Vogelart das sein könnte. Höchstwahrscheinlich infolge des Klimawandels stellen sich im Winterhalbjahr immer häufiger Vogelarten an den Futterplätzen ein, die bislang als Zugvögel bekannt waren, wie Bachstelze oder Mönchsgrasmücke. Auch eine Gartengrasmücke wurde im Januar beim Fressen an einem Apfel beobachtet. Stare bleiben häufig im Winter hier und sind schon keine Ausnahme mehr.

Ausnahmegäste des Futterplatzes können natürlich auch Gefangenschaftsflüchtlinge sein. Sie sind in der Regel auf eine Fütterung angewiesen, da sie anfangs keine Erfahrung bei der selbstständigen Nahrungssuche haben. Wellensittiche, Zwergpapageien und andere Sittiche und Papageien sowie weitere Ziervögel können so über Monate hinweg Dauerbesucher werden.

## Exoten werden Neubürger

Aus Gefangenschaftsflüchtlingen können aber auch Neozoen (Neubürger) werden. Als Neozoen werden Tierarten bezeichnet, die direkt oder indirekt durch menschliche Einwirkung in andere Gebiete eingeführt worden sind und sich dort fest etabliert haben. Als etabliert gelten sie, wenn sie sich über mindestens drei Generationen fortgepflanzt haben, außerdem müssen sie ohne menschliche Hilfe auskommen. Die neueren in Deutschland vorkommenden Neozoen aus der Familie der Vögel sind: Großer Alexandersittich, Brautente, Fasan, Gelbkopfamazone, Halsbandsittich, Kanadagans, Mandarinente, Nandu, Nilgans, Trauerschwan und Truthuhn.

Der Halsbandsittich, der in einigen Teilen Europas zum etablierten Neubürger geworden ist, ist eine Kreuzung aus Afrikanischen und Asiatischen Halsbandsittichen. Er kommt in Deutschland als Brutvogel besonders im Rheingebiet vor, so in Köln, Worms, Neckarhausen, Wiesbaden, Brühl bei Köln, Krefeld, Mainz, Bonn, Düsseldorf, Frankenthal, Heidelberg, Mannheim, Ludwigshafen, Duisburg, Stuttgart sowie bei Hamburg. In Europa sollen mehr als 29 000 Exemplare wild leben, davon in Deutschland etwa 7500 Individuen oder 1500 Brutpaare. In Österreich haben sich kleinere Populationen bei Wien und Innsbruck etabliert.

Rechte Seite oben: Über fünf Monate war der entflogene Pennantsittich ein regelmäßiger Futterplatzbesucher.

Rechte Seite unten: Die Nilgans ist afrikanischen Ursprungs und breitet sich als Gefangenschaftsflüchtling rasant aus. 1986 gab es den ersten Brutnachweis in Deutschland. Heute ist sie flächendeckend in Deutschland sowie auch in Österreich und der Schweiz heimisch.

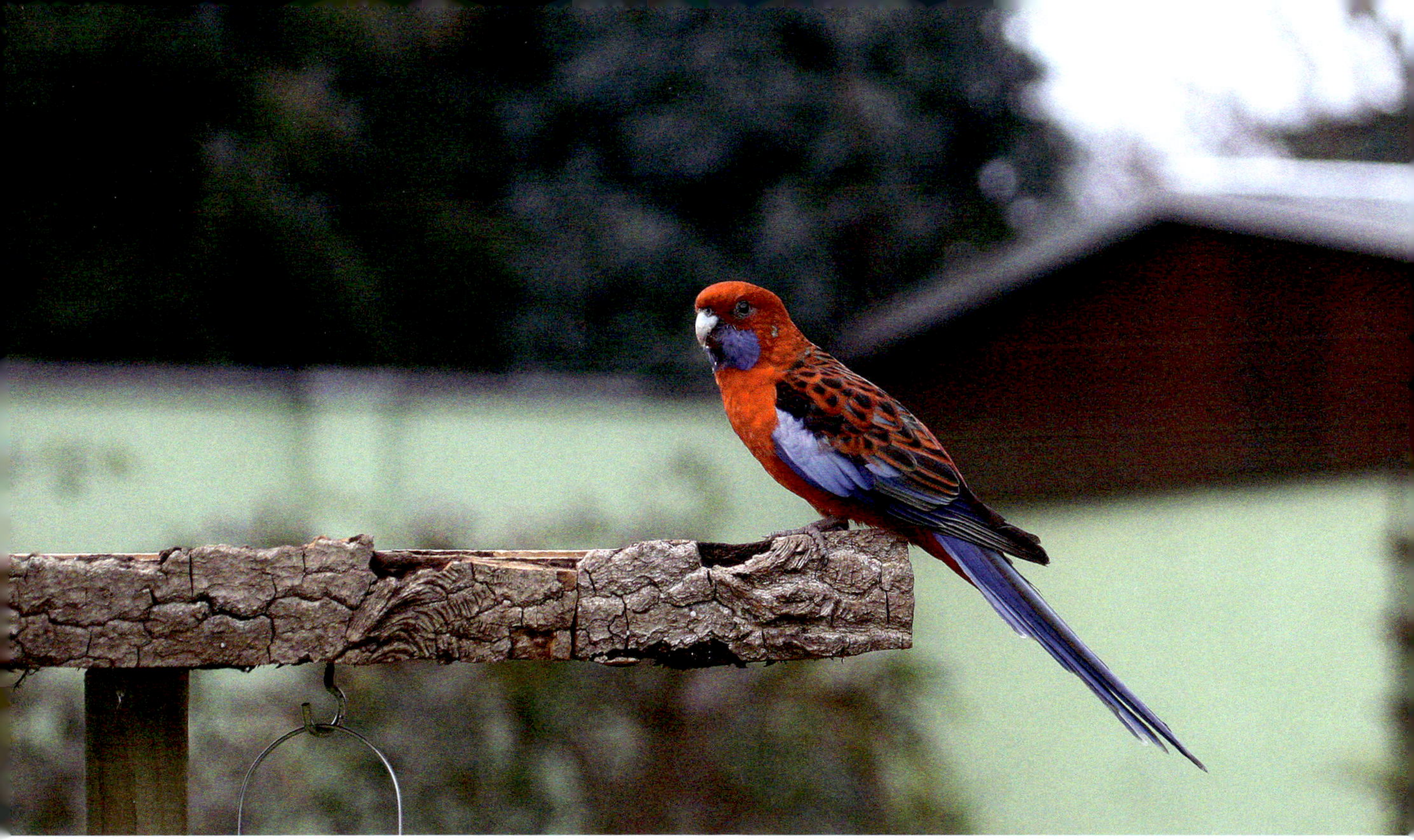

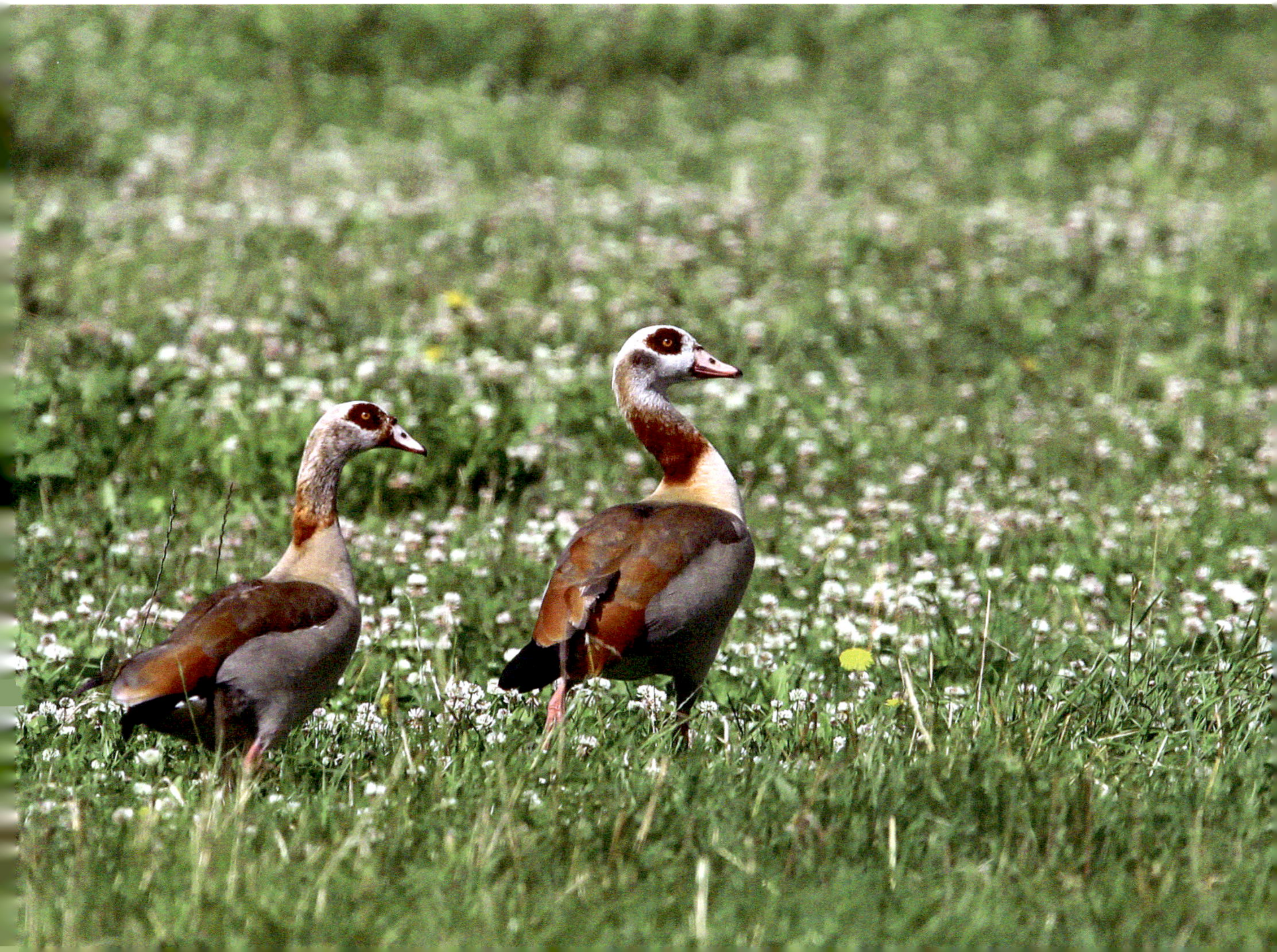

In Stuttgart pflanzen sich seit 1986 Gelbkopfamazonen fort. Für Futterplatzbetreiber in den angeführten Verbreitungsgebieten sind Halsbandsittiche und
Amazonen als Gäste keine ausgesprochene Seltenheit mehr.

Neozoen beeinflussen immer das Ökosystem, sie verändern Lebensgemein-
schaften und bedrohen in der Regel die originäre Biodiversität. So treten Halsbandsittiche als Nisthöhlenkonkurrenten zu einigen einheimischen Vogelarten,
wie Star, Dohle, Hohltaube, Waldkauz und Spechte, auf. Bekannt sind Bruthöh-
len in der Styropordämmung von Gebäudefassaden, die ursprünglich von
Spechten angelegt worden sind. Die Brutdichte der Kleiber nahm im Großraum
Brüssel nachweislich bei hoher Konzentration der Halsbandsittiche ab. Zwischen Mai und September ernähren sich Halsbandsittiche zu neunzig Prozent
von Früchten, das führt zu Konflikten mit Kleingärtnern, Obstbauern und Land-
wirten.

### Geflügelte Invasionen

Zu den Raritäten werden auch Invasionsvögel gezählt. Das sind Vögel, die sehr
unregelmäßig, oft nur in mehrjährigen Intervallen, in Massen auftauchen. Es wird
angenommen, dass diese Massenflucht hauptsächlich durch Nahrungsknappheit
im Winter in den nordischen Brutgebieten ausgelöst wird. Die Invasionsvögel fallen dann in sehr großer Zahl auch am Futterplatz ein. Seidenschwänze, Bergfinken, Birkenzeisige, Große oder Nordische Gimpel, Eichel- und Tannenhäher gehören zu den bekanntesten Invasionsvögeln. Auch Erlenzeisige treten oft und
plötzlich in großer Zahl auf.

Seidenschwänze, Stare oder Erlenzeisige sind klassische «Wettervögel», das
heißt, sie erscheinen nicht nach zeitlichen Kriterien, sondern ziehen je nach Wet-
terlage früher oder später. Dagegen sind Mauersegler und Neuntöter Beispiele
klassischer «Kalendervögel», sie erscheinen unabhängig vom Wetter jedes Jahr
zur gleichen Zeit im Brutgebiet.

4

# Wo und warum Vögel auch noch gefüttert werden

Neben den weithin bekannten Futterplätzen auf dem Fensterbrett, dem Balkon oder im Garten gibt es eine Vielzahl anderer Futterstellen. Sie unterscheiden sich dadurch, dass sie entweder von vielen Menschen betreut werden oder vorrangig ganz anderen Zwecken dienen. Somit sind die Erlebniswelten Vogelfutterplatz noch wesentlich breiter gefächert.

Vorangehende Doppelseite: Kolkraben am Futterplatz für Fotografen.

Oben: Heckenbraunellen werden wegen ihrer unauffäl-ligen braunen und grauen Gefiederfärbung häufig mit Sperlingen verwechselt.

Rechte Seite: Haus- und Feldsperlinge in Wartestellung an einem Parkplatzimbiss.

# In Städten und Parks

Es gibt kaum einen Park, in dem Vögel nicht gefüttert werden. Häufig geschieht das an Parkbänken, wo ein Picknick eingenommen wird. Die sich nähernden Vögel werden bewusst gefüttert oder sie picken die heruntergefallenen Krümel auf. Es dauert nur eine kurze Zeit, bis sich die Vögel daran gewöhnt haben und auf die Futterlieferanten warten.

Vogelfreunde hängen im Winter an bestimmte Büsche Meisenknödel. Die Krümel, die den Meisen beim Abpicken verloren gehen, werden am Boden von Amseln, Rotkehlchen oder Heckenbraunellen aufgenommen. Ähnliche Verhältnisse finden wir an jedem Imbissstand, auf Parkplätzen, Freisitzflächen von Cafés oder Restaurants, Bahnhöfen, Friedhöfen und an vielen anderen Orten.

Wo Menschen sich eine gewisse Zeit lang aufhalten, stellen sich auch bald Vögel ein. Entweder werden sie bewusst mit Futter versorgt oder durch herunterfallende Nahrungsmittel angelockt. Sie werden dadurch schnell zutraulich und können Futter sogar aus der Hand nehmen. Besonders im Winterhalbjahr sammeln sich um diese Stellen viele Vögel, hauptsächlich Haus- und Feldsperlinge, Meisen, aber auch Stadttauben und Krähenvögel wie Dohlen, Elstern, Raben- und Saatkrähen, die aus Sibirien kommen und bei uns überwintern.

## Vielfalt am Parkteich

In Wassernähe oder direkt am Wasser, am Parkteich, an Brücken und Wehren, haben wir die Möglichkeit, Stock- und Reiherenten, Höckerschwäne, Bless- und Teichhühner zu beobachten, wenn sie gefüttert werden. Das Füttern von Wasservögeln ist für viele Menschen eine Freizeitbeschäftigung, die sie regelmäßig ausüben. Dabei können die unterschiedlichen Verhaltensweisen von Schwimm- und Tauchenten verglichen werden. Schwimmenten, die auch Gründelenten genannt werden, sind beispielsweise Stock- und Krickenten, während Reiher- und Tafelenten zu den Tauchenten gehören.

Gründelenten suchen am Grund von flachen Gewässern mit dem Schnabel nach Nahrung (daher die Bezeichnung «gründeln»), wobei sie nicht komplett untertauchen, sondern vornüberkippen und so nur das Hinterende aus dem Wasser ragt – wie im Kinderlied «Alle meine Entchen» beschrieben: «Köpfchen in das Wasser, Schwänzchen in die Höh'». Tauchenten hingegen tauchen zur Nahrungssuche bis zum Gewässergrund.

An größeren Wasserflächen können zusätzlich Möwen und Kormorane beobachtet werden. Wie viele verschiedene Vogelarten und wie viele Individuen vorkommen, hängt von der Größe und Art des Gewässers ab.

Weibliche Stockente beim Gründeln.

Oben: Blesshühner (Blessrallen) gehören zu den häufigen Gästen der Wasservogelfutterstellen.

Unten: Auch Höckerschwäne kommen zur Fütterung und werden dabei sehr zutraulich.

### Negative Folgen für Gewässer und Tiere

An vielen solchen «öffentlichen» Futterplätzen kommen den ganzen Tag lang Menschen vorbei, die Enten und Schwäne mit Brot versorgen. Diese Überfütterung bringt Nachteile für die Vögel und vor allem für stehende Gewässer mit sich. Immer mehr Enten und andere Wasservögel werden an das Gewässer gebunden. Exkremente und Futterreste beeinflussen die Wasserqualität negativ, es kommt zu einer Eutrophierung, die Konzentration an Pflanzennährstoffen nimmt stark zu (Überdüngung des Gewässers).

Die Uferbereiche können sich zu Faulschlammzonen entwickeln, die besonders im Sommer, wenn der Wasserspiegel sinkt und der Sauerstoffgehalt des Bodens abnimmt, bei Wasservögeln zu gesundheitlichen Problemen und Todesfällen führen können. Auch Fische, Lurche, Insektenlarven und andere Wasserbewohner leiden darunter. Der sauerstoffarme Schlamm der Uferzonen bietet den gefährlichen Klostridium-Bakterien, die bei Wasservögeln eine potenziell tödliche Krankheit verursachen können, ideale Lebensbedingungen.

### Kommunale Fütterungsverbote

Um zu verhindern, dass die Wasserbeschaffenheit beeinträchtigt und das ökologische Gleichgewicht an und in den Gewässern gestört wird, haben viele Städte und Gemeinden ein Fütterungsverbot für wild lebende Wasservögel erlassen. Für die Stadt Leipzig betrifft das zirka hundert Standgewässer. Mit Beginn der kalten Jahreszeit weisen die Umweltämter zusätzlich auf die Einhaltung des Fütterungsverbotes hin.

Ebenso gibt es Fütterungsverbote für Stadttauben.

Außerdem stellen für viele Vogelarten Zoogehege, Wildparks, Taubenschläge, Hühnerhöfe und andere Tierhaltungen Futterstellen dar. Selbst wild lebende Fischfresser, wie Graureiher, besuchen Zoos, um hier bei der Fütterung von Pelikanen und anderen Tieren zu profitieren. Dadurch ergeben sich besonders im Winterhalbjahr für solche Einrichtungen oft erhöhte Futterkosten.

Stockenten und einige Lachmöwen
wurden gerade mit Futter versorgt.

Ein Mäusebussard am Futterplatz

# Für die Jagd und den Fototourismus

In Wäldern und Fluren richten Jäger und Forstwirte Futterstellen für Fasane und Rebhühner, sogenannte Futterschütten, ein oder stellen Futterautomaten auf. Diese Art der Fütterung hat hauptsächlich das Ziel, die Jagdstrecke für das kommende Jahr zu sichern. Nutznießer solcher Fütterungen sind natürlich auch Feldsperling, Goldammer, Rabenvögel und Beutegreifer.

Der Fasanenhahn gibt in der Zeit von Februar bis Juni regelmäßig seinen krähenden Revierruf ab, dabei lässt er unmittelbar danach seine Flügel wirbeln.

### Jäger füttern Jäger

Mäusejäger, wie Turmfalken, Mäusebussarde, überwinternde Rotmilane und Rau-fußbussarde, werden in manchen Gegenden bei lang andauernden Frostperioden mit hoher, geschlossener Schneedecke oder bei plötzlichem Kälteeinbruch mit Eisregen von der Jägerschaft gefüttert. Es werden sogenannte Luderplätze ange-legt, die mit Fallwild, Unfallwild oder auch Muskelfleisch bestückt werden. Das Futter wird entweder auf einem erhöht aufgestellten Futterbrett oder auf Zaun-pfosten angeboten, um es zum Beispiel vor Füchsen zu schützen.

Schlachtabfälle dürfen aus tierseuchenhygienischen Gründen nur mit Ausnah-megenehmigung des zuständigen Veterinäramtes verfüttert werden. Enten werden von Jägern mit Mais, Getreide und Eicheln gefüttert. In Finnland versucht die Jäger-schaft, den Bestandsrückgang beim Birkwild durch Haferzufütterung im Winter zu verhindern.

### Futter für Fotografen

Es gibt auch rein kommerzielle Vogelfutterplätze. Sie werden in Verbindung mit Ansitzmöglichkeiten eingerichtet, um seltene oder scheue Vögel gegen Entgelt aus der Nähe beobachten, filmen oder fotografieren zu können.

So werden Seeadler, Fischadler, Rotmilane und andere begehrte Fotomotive durch Fütterung mit Fisch an bestimmte Seen gelockt. Um diese Vögel beim Beute-fang fotografieren zu können, werden von Booten aus Fische ins Wasser geworfen.

Anderenorts werden zum gleichen Zweck Luder- und Futterplätze für Seeadler, Schreiadler, Kolkrabe, Nebelkrähe, Elster, Mäusebussard, Raufußbussard, Rot- und Schwarzmilan, Grau- und Silberreiher sowie Schwarzstorch unterhalten, oder es werden an kleinen Teichen oder Bächen Futterstellen mit lebenden Kleinfischen, wie Stichlingen und Moderlieschen, für Eisvögel eingerichtet. In Norwegen beispielsweise gibt es entsprechende Angebote für Steinadler, Habicht, Seeadler, Kolkrabe, Nebelkrähe, Lapplandmeise, Unglückshäher, Hakengimpel, Nordischen Kleiber, Polarbirkenzeisig, Weißrückenspecht, Tannenhäher und viele andere, für uns Mitteleuropäer seltene Arten.

*Linke Seite: Ein Kolkrabe am Futterplatz in Mittelschweden.*

*Oben: Beim männlichen Nordischen Kleiber (Mittelschweden) sind Brust und Bauch weiß.*

*Unten: Ein Seeadler am Futterplatz auf Usedom.*

Wasserstellen werden so angelegt, dass der Fotograf die trinkenden Vögel auf Augenhöhe aufnehmen kann. In Trockengebieten werden automatische Tränkanlagen eingesetzt, um die Vögel dieser Landschaftsgebiete als Fotomotiv ans Wasser zu locken.

Der Interessierte kann sich so weltweit seine speziellen Wünsche erfüllen und bestimmte Vogelarten aus der Nähe beobachten, fotografieren oder filmen.

### Futter für Touristen

Bestimmte Futterplätze sind bereits zu touristischen Attraktionen geworden. In Ostseenähe rasten im Herbst Kraniche auf ihrem Weg nach Süden und suchen dort nach Nahrung. Um Landwirte vor Schäden an den Wintersaaten zu schützen und die Vögel fernzuhalten, werden Ablenkfütterungen eingerichtet, die Tausende Kraniche aufsuchen. Dieses Naturschauspiel lockt viele Naturliebhaber an, sodass bereits vom Kranichtourismus gesprochen wird.

Ebenso werden nordische Gänse und Schwäne, wie Saat-, Bless-, Nonnen- und Ringelgans sowie Sing- und Zwergschwan, in Norddeutschland durch eigens angelegte Äsungsflächen oder Futterstellen von den Äckern ferngehalten.

### Der berühmteste Futterplatz

Der weltweit wohl bekannteste Vogelfutterplatz befindet sich auf Homer Spit, einer Landzunge in der Nähe der Stadt Homer in Alaska. Dort fütterte Jean Keene, die den Weißkopfseeadlern sehr zugetan war, über dreißig Jahre lang im Winter täglich 200 bis 300 Seeadler mit mehr als 200 Kilogramm Fisch. Dadurch hat sie dazu beigetragen, dass der Bestand dieser vom Aussterben bedrohten Art wieder zugenommen hat.

Reiseunternehmen aus aller Welt haben Homer mit der Adlerfütterung durch die «Eagle Lady» als Attraktion in ihr Reiseprogramm aufgenommen. Besonders Naturfotografen reisen vor allem wegen der Adlerfütterung nach Homer. Leider ist die «Eagle Lady» Anfang 2009 verstorben. Ich bin meinem Freund Dr. Franz Robiller sehr dankbar, dass er mir das Bild von der Weißkopfseeadler-Fütterung zur Verfügung gestellt hat.

Linke Seite: Kraniche werden in Mittelschweden mit Mais angefüttert.

Oben: Weißkopfseeadler in Homer in Alaska warten auf die Fütterung. (Foto: Dr. Franz Robiller)

In schneereichen Wintern leiden
Mäusebussarde unter Nahrungs-
mangel und bedürfen der Hilfe.

Rechte Seite: Großtrappen im
brandenburgischen Buckow.

# Aus Gründen des Vogelschutzes

Unter dem Begriff Vogelschutz werden alle Maßnahmen zusammengefasst, die zur Erhaltung, Förderung oder Ansiedlung von Vögeln dienen. Die Fütterung ist eine wichtige Vogelschutzmaßnahme.

Zur Arterhaltung werden zum Beispiel für Schleiereulen besonders im offenen Gelände sogenannte «Mäuseburgen» gebaut und mit lebenden Mäusen beschickt. Durch diese Maßnahme kann in schneereichen Wintern verhindert werden, dass ganze Schleiereulenpopulationen zugrunde gehen. Diese Futterstellen werden natürlich auch von anderen Vogelarten, wie beispielsweise dem Mäusebussard, besucht. Während aber Eulen nur lebendes Futter annehmen, eignen sich für die Fütterung von Bussarden auch Fleischstücke.

### Mäusefutter hilft Käuzen

Auch Steinkäuzen wird von Vogelschützern in schneereichen Wintern durch Anfütterung von Mäusen geholfen. Dabei werden Autoreifen zu Mulden längs aufgeschnitten und mit Getreide und Spreu gefüllt, was die Mäuse anlockt. Wie so oft nutzen auch andere Tiere die Futterstellen. Hier locken die Mäuse oft Wanderratten an, die zu den besten Mäusejägern zählen.

Um Großtrappen in Deutschland vor dem Aussterben zu retten, wird den Tieren indirekt Futter angeboten. Es werden bestimmte Futterpflanzen, besonders Raps, im Einstandsgebiet angebaut. In schneereichen Wintern werden diese Rapsflächen vom Schnee freigeschoben, um die Nahrung erreichbar zu machen. Außerdem wird Wert auf artenreiche Wiesen und Äsungsflächen gelegt, da Trappenküken nur dort die dringend benötigte Insektennahrung finden können. In den ersten beiden Lebenswochen frisst ein Trappenküken über 10 000 Insekten. Eine direkte Fütterung ist bei Großtrappen nicht möglich.

Durch eine ebenfalls indirekte Fütterung wurde versucht, den Trauersee- schwalben zu helfen. Kanäle, die keine Verbindung zu anderen Gewässern haben, wurden mit Fischen besetzt, und den Trauerseeschwalben wurden dort Nisthilfen angeboten. Auch hier gab es weitere Nutznießer. Graureiher besuchten die Kanäle regelmäßig und verspeisten dann neben den Fischen auch die frisch geschlüpften Küken. Nicht jede gut gemeinte Tat verspricht also Erfolg.

### Schindanger für Geier

Um die Geierpopulationen zu stützen, werden in Spanien und im Balkanraum Fut- terplätze angelegt. Die bekannten Mönchsgeier der Insel Mallorca wären ohne Fütterung durch die «Stiftung zum Schutz des Mönchsgeiers» vermutlich schon lange verschwunden oder ihr Bestand wäre stark zurückgegangen. Mittels Anfüt- terung konnten die Geier davon abgehalten werden, Giftköder zu fressen, durch welche verwilderte Hunde und Katzen dezimiert werden sollen.

Solche Futterplätze, an denen im Straßenverkehr getötete Wildtiere angeboten werden, sind auch in Deutschland geplant. Die im Rahmen des Wiederansiedlungs- projektes in den Alpen ausgewilderten Bartgeier werden noch eine gewisse Zeit lang mit Futter versorgt.

Gänsegeier in den Ostrhodopen
(Bulgarien) am Futterplatz.
Bei minus 20 Grad und Schnee-
treiben demonstrieren die
Geier ihre Wintertauglichkeit.

## Unsinnige Fütterungen

Nicht alle Fütterungen, die ursächlich aus Gründen des Vogelschutzes begonnen wurden, können aber widerspruchslos hingenommen werden. So hat die Stadt Rust am Neusiedlersee vor Jahren begonnen, Weißstörche zu füttern. Anfänglich bedurften einige Tiere, die dem Vogelzug nicht folgen konnten, einer dringenden Zufütterung. Im Laufe der Jahre wurden die Störche, die die Futterstelle aufsuchten, immer zahlreicher und gaben ihr Zugverhalten auf. Das zeigt, dass es nicht primär die niedrigen Temperaturen sind, sondern das fehlende Futter, das zum Zug veranlasst. Die reiche Stadt Rust hat das zunehmend finanziell belastet. Für die Störche muss ein Uferbereich von Schilf frei gehalten werden, da Störche beim Auffliegen nicht wie Reiher senkrecht starten können, sondern eine ausreichend lange Anlaufbahn benötigen. Dafür wird nun extra eine robuste Rinderrasse auf diesem Areal gehalten.

## Vogelfütterung durch Trawler

Eine der größten Vogelfütterungen überhaupt stellt der Fischfang dar. Auch wenn es sich hierbei nicht um eine Aufgabe des Vogelschutzes handelt, sollte dieser Aspekt bei einer umfassenden Betrachtung nicht unerwähnt bleiben.

Meeresvögel folgen Fischereifahrzeugen und fressen den Beifang (nicht vermarktbare Fische und andere Meerestiere) sowie die Schlachtabfälle, die wieder über Bord geworfen werden. Da die Schiffe beleuchtet sind, können Seevögel praktisch Tag und Nacht an Futter gelangen. Eine grobe Schätzung zeigt, dass im Jahresmittel die Rückwürfe und Schlachtabfälle in der Nordsee ausreichen würden, um fast sechs Millionen Seevögel zu ernähren, also deutlich mehr, als tatsächlich vorkommen.

Rechte Seite: Bienenfresser im Eislebener Land (Sachsen-Anhalt). 1990 hat der Wärme liebende Vogel erstmals in Sachsen-Anhalt gebrütet. Heute sind es bereits über 500 Brutpaare. Ein deutlicher Hinweis auf die Klimaerwärmung!

# Die Bedeutung der Vogelfütterung für uns Menschen

Menschen kommen häufig mit der belebten Natur erstmals durch Vögel in Kontakt. Bereits Babys, die im Kinderwagen liegen, werden von den Eltern auf die Vögel in Bäumen, Sträuchern oder in der Luft aufmerksam gemacht.

### Freude an der Natur

Später wird durch die Vogelfütterung die Fürsorge für die Kreatur geweckt sowie die Freude daran verstärkt. Bald lernen sie, die Arten zu erkennen und zu unterscheiden. Das Interesse an der Umwelt, am Natur- und Artenschutz wird geprägt und gefördert. Kinder sammeln gerne Federn, ältere Menschen tauschen sich über die Beobachtungen an den Futterstellen aus. Es macht Spaß, in Bestimmungsbüchern nach einem Vogel zu suchen, seinen Namen herauszufinden und etwas über seine Lebensweise zu erfahren. Die Vogelfütterung im Winter weckt die Hoffnung, dass viele Vögel im Frühling in der Umgebung brüten werden. Nisthilfen werden geschaffen und die Vorfreude auf das anstehende Ereignis nimmt zu.

### Die Fütterung als Einstieg

Die Vogelfütterung ist oftmals der Anstoß, sich der Ornithologie und der Vogel-, Tier- und Naturfotografie zu widmen. Nicht selten wird dies zur wissenschaftlichen Dokumentation genutzt. Wenn das Interesse einmal geweckt ist, entdeckt man auch beringte Vögel. Vor allem Kinder wollen gern erfahren, warum das so ist, und beginnen nachzuforschen.

Das massenhafte Auftreten sonst unbekannter Arten macht den Beobachter aufmerksam auf den Vogelzug oder auf Vogelinvasionen besonders aus dem Norden. Die Gründe solcher Phänomene werden hinterfragt und biologische Zusammenhänge erörtert.

Unterbleibt bei Vogelarten der Zug in den Süden und brüten vermehrt Vögel aus südlichen Ländern in unserem Gebiet, kann das auf Klimaveränderungen hinweisen. Globales ökologisches Denken wird durch solche Beobachtungen geweckt oder fortentwickelt. Nicht allein den Vogelfutterplätzen, sondern der gesamten Vogelwelt wird vermehrt Beachtung geschenkt. Die vielfältigen Vernetzungen im Ökosystem können verstanden und vertieft werden. Vögel dienen letztlich als Ideenträger und Indikatoren für eine gesunde Umwelt. Sie haben eine nicht zu unterschätzende pädagogische Bedeutung für jeden Einzelnen wie auch für die Gemeinschaft.

### Vögel halten fit

Für hochbetagte oder chronisch kranke Menschen sind Vögel, die am Fensterbrett gefüttert werden, häufig die letzte Möglichkeit, mit der Natur verbunden zu bleiben. Untersuchungen aus Großbritannien zeigen, dass ältere Menschen, die zum Beispiel in Altenheimen Vogelfutterstellen unterhalten und dort Vögel beobachten, mehr Interesse an ihrer Umwelt zeigen und länger selbstständig bleiben.

Rudolf Berndt und Wilhelm Meise haben 1959 in ihrer «Naturgeschichte der Vögel» die Bedeutung der Vögel für den Menschen trefflich formuliert: «Darüber hinaus aber sind für den Menschen die Vögel das unter den Tieren, was ihm die Blumen in der Pflanzenwelt sind, das heißt der ästhetische Höhepunkt des Tierreiches, dazu die volkstümlichste und bestbekannte Tiergruppe, eine unversiegbare Quelle der Freude und Forschung, kurz eins der Glanzlichter der Natur überhaupt. Vielleicht liegt hierin die größte Bedeutung der Vögel für den Menschen.»

Zaunkönige verteidigen auch im
Winter ihr Revier, deshalb sieht man
sie meist nur einzeln oder –
seltener – als Paar am Futterplatz.

# Anhang

## Weiterführende Literatur

Balzari, C. A., Gygax, A. (2010): Vogelarten der Schweiz, Der Bestimmungsführer, Haupt Verlag, Bern, Stuttgart, Wien

Beaman, M., Madge, S. (2007): Handbuch der Vogelbestimmung - Europa und Westpaläarktis, Ulmer Verlag, Stuttgart

Berndt, R., Meise, W. (1959): Naturgeschichte der Vögel, Franckh'sche Verlagshandlung, Stuttgart (vergriffen)

Berthold, P. , Mohr, G. (2008): Vögel füttern – aber richtig, Kosmos Verlag, Stuttgart

Busching, W.-D. (1997): Handbuch der Gefiederkunde europäischer Vögel, Band 1, Aula-Verlag, Wiebelsheim (vergriffen)

Busching, W.-D. (2005): Einführung in die Gefieder- und Rupfungskunde, Mit Bestimmungsschlüssel zu den Familien, Aula-Verlag, Wiebelsheim

Costner, B. (2010): Vögel richtig fotografieren, Haupt Verlag, Bern, Stuttgart, Wien

Elphick, J. (Hrsg.) (2008): Atlas des Vogelzugs, Die Wanderung der Vögel auf unserer Erde, Haupt Verlag, Bern, Stuttgart, Wien

Glutz von Blotzheim, U. N., Bauer, K. M. (Hrsg.) (2000): Handbuch der Vögel Mitteleuropas, Gesamtausgabe in 23 Bänden, Aula-Verlag, Wiebelsheim (Einzelbände erhältlich)

Goodfellow, P. (2011): Gefiederte Architekten, Die Kunst des Nestbaus im Vogelreich, Haupt Verlag, Bern, Stuttgart, Wien

Moning, C., Griesohn-Pflieger, T., Horn, M. (2009): Grundkurs Vogelbestimmung, Quelle & Meyer Verlag, Wiebelsheim

Niethammer, G. (1937–1943): Handbuch der deutschen Vogelkunde, Akademische Verlagsgesellschaft, Leipzig (vergriffen)

Peterson, R. et al. (1985): Die Vögel Europas, Verlag Paul Parey, Hamburg und Berlin (vergriffen)

Svensson, L., (2011): Der Kosmos Vogelführer, Alle Arten Europas, Nordafrikas und Vorderasiens, Kosmos Verlag, Stuttgart

Svensson, L., Håkan, D. (2008): Der große BLV Vogelführer für unterwegs, Alle Arten Europas, BLV Buchverlag, München

Unwin, M. (2012): Atlas der Vögel, Artenvielfalt, Verhalten, Schutz, Haupt Verlag, Bern, Stuttgart, Wien

Walters, M. (2011): Die Signale der Vögel, Was Vögel über die Umwelt verraten, Haupt Verlag, Bern, Stuttgart, Wien

### Zeitschriften

Der Falke, Journal für Vogelbeobachter, Aula-Verlag, Wiebelsheim

Der Ornithologische Beobachter, Zeitschrift der Ala, Schweizerische Gesellschaft für Vogelkunde und Vogelschutz

Die Vogelwelt, Beiträge zur Vogelkunde. Wissenschaftliche Zeitschrift über Ornithologie, Aula-Verlag, Wiebelsheim.

Journal of Ornithology – Wissenschaftliche Zeitschrift, Organ der Deutschen Ornithologen- Gesellschaft, Springer-Verlag, Heidelberg

Limicola, Zeitschrift für Feldornithologie, Limicola Verlag, Einbeck

Naturgucker, Das Magazin zur Vogel- und Naturbeobachtung, Bachstelzen Verlag GbR, Düsseldorf

Ornis, Zeitschrift des Schweizer Vogelschutzes SVS/Birldlife Schweiz

Ornithologische Mitteilungen – Monatsschrift für Vogelbeobachtungen und Feldornithologie, Köln

VÖGEL – Magazin für Vogelbeobachtung, dwj Verlags GmbH, Blaufelden

## Bildnachweis

Sämtliche unten nicht aufgeführten Abbildungen stammen von Richard Schöne.

Roland Breitenbach, Dülmen: S. 54, Tannenhäher
Robert Groß/Okapia: S. 13
Konrad Lauber, Bern: S. 28–31 alle
Mike Read/NPL/Arco Images: S. 14 oben rechts
Dr. Franz Robiller, Weimar: S. 145

## Stichwortverzeichnis

*Kursive* Zahlen verweisen auf ein Bild.